하라 아키코 지음 | 이소영 옮김

아메리칸 스타일
비스코티

들 어 가 며

두 번(Bis) 굽다(Cotti)라는 이름대로, 비스코티는 두 번 구워 더욱 바삭해진 쿠키를 말합니다. 고향인 이탈리아에서는 이제 쿠키 전체를 지칭하는 이름이 되었지만, 미국에서는 어원 그대로 구운 반죽을 잘라 다시 구운 결이 거칠고 단단한 과자를 의미합니다. 이탈리아에서는 칸투치(Cantucci), 비스코티 디 프라토(biscotti di prato)라고 불립니다.

제가 비스코티를 처음 만난 것은 고교 시절, 미국 유학에서였습니다. 잡화점의 카운터 옆 병에 들어 있던, 초콜릿이 뿌려진 커다란 아니스 비스코티를 매주 사서는 늦은 밤 공부시간에 즐기곤 했습니다.

그 후로도 커피숍이나 친구네 집에서 다양한 비스코티를 맛보며 그 매력에 푹 빠졌고, 마침내 그 고향인 이탈리아 토스카나를 방문해보고 깜짝 놀랐습니다.
제가 알던 비스코티는 '칸투치니' 등으로 불리고 있었고, 미국에서 먹어본 것보다 더 단단하고 달았습니다. 디저트 와인과 함께 나온 그것은 조금 다르게 해석될만한 음식이었습니다. 미국에서는 비스코티를 무언가에 적시지 않고 먹는 것이 일반적이라 먹기에 편안한 정도로 단단한 것이 인기가 많았는데, 그제서야 저는 제가 먹어온 것이 아메리칸 스타일임을 깨달았지요.

이탈리아에서 북미로 이주해 온 사람들을 통해 전해졌다는 비스코티는 20세기 후반, 시애틀 스타일 커피숍의 붐과 함께 높은 인기를 끌었습니다. 아메리칸 스타일 비스코티는 단호박이나 당근이 들어간 것, 초콜릿으로 코팅한 것, 소금 간을 한 것 등 다양한 모습으로 나타나는 것이 특징입니다.

비스코티만을 담은 이번 책을 내는 것은 저에게 즐거운 도전이었습니다. 곳곳에 저만의 레시피를 담은 아메리칸 스타일 비스코티. 한껏 즐겨주시길 바랍니다.

하라 아키코

이 책의
과자에 대하여

오일, 계란, 밀가루가 들어가지 않는 레시피가 있습니다.

이 책에는 이탈리아 본토의 오일을 사용하지 않는 레시피, 아메리칸 스타일의 오일이 많이 들어가는 레시피, 계란을 쓰지 않고 요구르트나 과일 퓌레로 반죽을 하는 레시피가 있습니다. 밀가루를 사용하지 않은(글루텐 프리) 반죽은 미국에서도 인기가 많은데, 밀가루 대신 쌀가루나 아몬드 파우더를 사용합니다. 고소하고 향긋한 반죽은 새로운 매력을 보여줍니다.

볼 하나에 섞어가며 간단하게 만들기

비스코티 반죽은 기본적으로 하나의 볼에 계란, 가루 재료, 설탕, 너트 등을 하나씩 더해가며 만듭니다. 거품기로 계란을 풀고 나서 가루 재료를 추가하고 스크래퍼(카드형 주걱)로 사박사박 섞어주면 OK. 계란 거품을 낼 필요가 없고, 반죽 만드는 법이 간단해서 쿠키를 처음 구워보는 사람도 실패 없이 완성할 수 있습니다.

3

단 것과 달지 않은 것,
모두 있습니다.

미국에서는 간식으로 즐기는 달콤한 비스코티는 물론, 짭짤한 비스코티도 무척 인기 있습니다. 치즈, 흑후추, 베이컨, 양파 등을 넣어 크래커나 전병 느낌으로 즐기는 것이 매력적이지요. 딥 소스를 곁들이면 한층 맛이 깊어지고 전채요리나 간식, 안주로도 활약합니다.

4

오래 보존할 수 있어
선물로 좋습니다.

충분히 건조하며 구운 비스코티는 깨끗한 밀폐용기에 담아두면 일주일은 보존 가능합니다. 그래서 선물로 정말 좋지요. 대부분의 비스코티는 단단해서 잘 깨지지 않으므로 가볍게 랩을 씌우는 것으로 충분합니다. 참고로 눅눅해진 것은 150℃의 오븐에서 8분간 굽거나 냉동실에서 한 번 식히면 바삭한 식감이 되살아납니다.

Contents

Sweet Biscotti
간식 비스코티

【일러두기】

◎ 1큰술은 15㎖, 1작은술은 5㎖ 입니다.

◎ 계란은 중간 사이즈(약 50g)를 사용했습니다.

◎ '한 자밤'이란 엄지, 검지, 중지로 가볍게 집은 양입니다.

◎ 오븐은 미리 설정 온도로 예열해둡니다. 굽는 시간은 열원이나 기종 등에 따라 다소 차이가 있습니다. 레시피의 시간을 기준으로 상태를 살피며 가감해주세요.

◎ 전자레인지의 가열시간은 600W의 제품을 기준으로 하였습니다. 500W의 경우, 1.2배의 시간을 기준으로 삼으세요. 기종에 따라 다소 차이가 있습니다.

Sweet Biscotti

간 식 비스코티

아메리칸 스타일 비스코티는 다양한 종류가 있지만
기본적으로 이탈리아의 프라토 지역에서 태어난,
두 번 구워 단단한 〈칸투치니〉를 바탕으로 하고 있습니다.
유지(油脂)를 사용하지 않고 계란만으로 반죽하는 것이
전통적인 방법이며, 이 책에서도 가장 기본이 되는 레시피입니다.

【 재료 】 8cm 길이 20개 분량

A | 박력분 … 120g
  | 베이킹소다 … 1/4 작은술
그래뉴당 … 60g
계란 … 1개
아몬드(홀) … 70g

【 준비 】
- 아몬드는 프라이팬에서 약불로 볶는다.
- 계란은 실온에 꺼내둔다.
- 팬에 오븐시트(15×30cm)를 깐다.
- 오븐은 170℃로 예열한다.

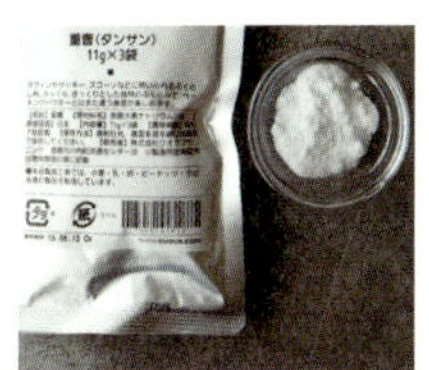

베이킹소다는 퀵브래드나 쪄서 만드는 과자 등에 사용하는 팽창제로, 비스코티에 소박한 식감과 풍미를 더해준다. 식감은 조금 달라지지만 2배 분량의 베이킹파우더로 대체 가능하다.

1 | 계란 풀기

볼에 계란을 넣고 거품기로 풀어준다.

★ 거품은 내지 않아도 된다.

2 | 가루 재료와 너트 섞기

A를 가볍게 섞어 체에 치고 그래뉴당을 넣는다.

★ 베이킹소다가 뭉치면 얼룩이 생기거나 쓴맛이 날 수 있으므로 주의한다.

스크래퍼로 자르듯이 누르며 섞는다.

★ 스크래퍼로 주변의 가루를 긁어모으며 사박사박 자르듯 섞는 것이 좋다.

3 | 굽기

가루기가 남아있을 때 아몬드를 넣고 스크래퍼로 누르며 섞는다.

★ 아몬드가 으깨지지 않도록 조심한다.

아몬드가 반죽 속에 들어가도록 꾹꾹 누르며 한 덩어리로 만들어 20cm 길이로 다듬는다.

★ 반죽을 많이 주무르면 구웠을 때 딱딱해지므로 주의한다.

오븐팬에 반죽을 올리고 물 묻힌 손으로 8×20cm(1.5cm 두께)의 평행사변형으로 다듬어 표면을 평평하게 만든다. 170℃의 오븐에서 25분간 굽고 식힘망에 올려 식힌다.

4 | 잘라서 다시 굽기

한 김 식힌 후 1cm 폭으로 비스듬히 자른다.

★ 너무 뜨겁거나 너무 식어도 자르기 어렵다. 톱칼을 앞뒤로 살살 움직이며 자르는 것이 비결.

단면이 위로 가게 팬 위에 늘어놓고 150℃의 오븐에서 20분간 굽는다. 표면이 마르면 OK. 팬째로 식힌다.

★ 10분 굽고 뒤집어서 계속 구우면 고르게 건조된다.

★ 냉동 보관했다가 해동하지 않고 바로 먹을 수 있다.

1.
cocoa & cashew
코코아 캐슈너트
비스코티

코코아 파우더를 듬뿍 넣은 쌉싸름한 비스코티.
계란과 함께 럼주나 브랜디 1큰술을 더하면
더욱 풍미가 살아나고 식감이 바삭해집니다.
캐슈너트나 헤이즐넛과도 잘 어울립니다.

만드는 법은 16쪽에 →

미국에서 가장 인기 있는 비스코티는
아니스 열매나 리큐어를 넣은 클래시컬한 비스코티.
'이 달콤한 향이야말로 비스코티!'라는 말이
들려올 정도로 인기 있는 향입니다.

만드는 법은 17쪽에 →

건과일을 넣은 비스코티는
식감이 부드럽고 향이 풍부합니다.
건포도는 최대한 잘게 다져 넣어야
풍미가 전체적으로 스며들고 잘 타지 않습니다.

만드는 법은 18쪽에 →

어린 시절 즐겨 먹던, 초콜릿을 바른
전립분 쿠키를 떠올리며 만들었습니다.
달달하고 향긋한 너트와 쌉싸름한 초콜릿이
사박사박한 반죽에 듬뿍 들어갑니다.

만드는 법은 18쪽에 →

비스코티를 찍어 먹기에 가장 좋은 커피와 술은,
반죽에 넣어도 맛이 좋습니다. 인스턴트 커피보다
원두커피를 넣는 것이 향이 더 좋습니다.
럼주 대신 브랜디나 버번도 잘 어울립니다.

만드는 법은 19쪽에 →

6.
chai & dried fig

차이 무화과
비스코티

농후한 밀크티와 함께 즐기기 좋은,
차와 향신료 향이 감도는 이국적인 비스코티.
두 번 구워도 향이 잘 남는
얼그레이 찻잎을 쓰는 것이 좋습니다.

만드는 법은 20쪽에 →

7.

nuts

너트 듬뿍
비스코티

8.

orange & pine nut

오렌지 잣
비스코티

계란 흰자만 넣은 반죽으로
단단하게 구웠습니다.
너트를 듬뿍 넣은 비스코티를 얇게 잘라
오도독거리는 식감을 살려보세요.

만드는 법은 21쪽에 →

계란 노른자만 넣어 구운 비스코티는
맛이 깊고 식감이 부드럽습니다. 우아한 풍미에 잘 어우러지는
오렌지 과즙과 잣을 넣고, 경쾌함을 더하기 위해
약간의 옥수수 전분을 넣었습니다.

만드는 법은 21쪽에 →

1.

코코아 캐슈너트 비스코티

【 재료 】 6cm 길이 30개 분량

A │ 박력분 … 90g
│ 코코아 … 20g
│ 베이킹소다 … 1/4 작은술

그래뉴당 … 60g
계란 … 1개
캐슈너트 … 60g

【 준비 】

- 캐슈너트는 프라이팬에서 약불로 볶아 세로로 반을 가른다.
- 계란은 실온에 꺼내둔다.
- 팬에 오븐시트를 깐다.
- 오븐은 170℃ 로 예열한다.

1 볼에 계란을 넣고 거품기로 풀어준다.
2 체에 친 **A**와 그래뉴당을 넣고 스크래퍼로 섞다가 가루기가 남아있을 때 캐슈너트를 넣어 한 덩어리로 만든다.
3 오븐팬에 반죽을 올리고 물 묻힌 손으로 6×30cm (2cm 두께)의 긴 타원형(47쪽 참조)으로 다듬어 170℃ 의 오븐에서 25분간 굽는다.
4 한 김 식힌 후 1cm 폭으로 잘라 단면이 위로 가게 오븐팬에 늘어놓는다. 150℃ 의 오븐에서 15~20분간 구운 후 팬째로 식힌다.

memo

• 계란에 바닐라 오일 약간, 또는 럼주 1큰술을 더하면 풍미가 훨씬 깊어진다.

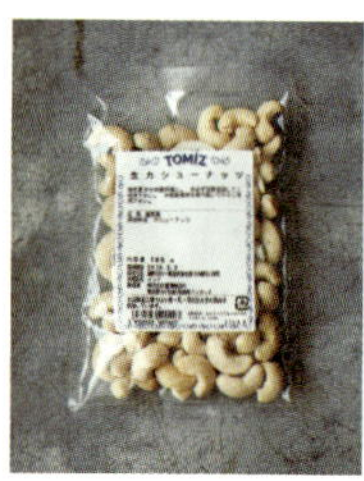

캐슈너트는 약불의 프라이팬에서 볶으면 단맛과 고소함이 배가된다. 160℃의 오븐에서 10분간 구워도 좋다.

바닐라 오일은 바닐라빈을 오일에 재운 것. 비스코티나 케이크 등 과자를 구울 때 향료로 쓴다. 반죽에 바닐라 향이 더해지면 풍미와 단맛이 한층 좋아진다.

2.

레몬 아니스 비스코티

【 재료 】 12cm 길이 18개 분량

A | 박력분 ⋯ 120g
　　| 베이킹소다 ⋯ ¼ 작은술

그래뉴당 ⋯ 60g

계란 ⋯ 1개

B | 레몬 껍질 간 것(왁스칠하지 않은 레몬 사용)
　　| ⋯ 큰 것 1개분
　　| 아니스 씨 ⋯ ½ 작은술
　　| 아몬드(홀) ⋯ 60g

【 준비 】

- 아몬드는 프라이팬에서 약불로 볶아
  거칠게 다진다.
- 계란은 실온에 꺼내둔다.
- 팬에 오븐시트를 깐다.
- 오븐은 170℃ 로 예열한다.

1 볼에 계란을 넣고 거품기로 풀어준다.

2 체에 친 **A**와 그래뉴당을 넣고 스크래퍼로 섞다가 가루기가 남아있을 때 **B**를 넣어 한 덩어리로 만든다.

3 오븐팬에 반죽을 올리고 물 묻힌 손으로 12×15cm (1.5cm 두께)의 평행사변형으로 다듬어 170℃ 의 오븐에서 25분간 굽는다.

4 한 김 식힌 후 비스듬히 8mm 폭으로 잘라 단면이 위로 가게 오븐팬에 늘어놓는다. 150℃ 의 오븐에서 15~20분간 구운 후 팬째로 식힌다.

m e m o ---------

- 계란에 약간의 아몬드 오일 혹은 아마레토* 1큰술을 넣으면 풍미가 더욱 좋아진다.

(* 아마레토 : 아몬드 향이 나는 이탈리아의 증류주. 아몬드나 살구 씨 혹은 둘 다를 넣고 만든다.)

독특하고 달콤한 향을 지닌 아니스 씨는 아메리칸 스타일 비스코티의 대표적인 향이다. 씨앗처럼 생긴 과실은 갈아서 가루로 만들거나 리큐어로 만들어 쓰기도 한다.

구운 아몬드 향료인 아몬드 오일. 고소한 너트 향이 특징이다. 심플한 비스코티에 몇 방울 넣으면 향이 한층 깊어진다.

살구 씨앗으로 만든 아몬드 향의 리큐어 아마레토. 비스코티 반죽에 넣으면 풍미와 향이 깊어진다. 칵테일 재료로도 인기 있다.

3.

건포도 호두 비스코티

【 재료 】 12cm 길이 18개 분량

A | 전립분(박력분 타입) … 60g
　　| 박력분 … 50g
　　| 시나몬 파우더 … 1작은술
　　| 베이킹소다 … 1/4 작은술
수수설탕 … 45g
계란 … 1개
B | 건포도 … 35g
　　| 호두 … 35g

【 준비 】
- 호두는 프라이팬에서 약불로 볶아 잘게 다진다(푸드프로세서로 갈아도 OK).
- 계란은 실온에 꺼내둔다.
- 팬에 오븐시트를 깐다.
- 오븐은 170℃로 예열한다.

1　볼에 계란을 넣고 거품기로 풀어준다.
2　체에 친 **A**와 설탕을 넣고 스크래퍼로 섞다가 가루기가 없어지면 **B**를 넣어 한 덩어리로 만든다.
3　오븐팬에 반죽을 올리고 물 묻힌 손으로 12×15cm (1.5cm 두께)의 평행사변형으로 다듬어 170℃의 오븐에서 25분간 굽는다.
4　한 김 식힌 후 8mm 폭으로 비스듬히 잘라 단면이 위로 가게 오븐팬에 늘어놓는다. 150℃의 오븐에서 15~20분간 구운 후 팬째로 식힌다.

4.

전립분과 초콜릿 비스코티

【 재료 】 6cm 길이 30개 분량

A | 전립분(박력분 타입) … 60g
　　| 박력분 … 50g
　　| 베이킹소다 … 1/4 작은술
수수설탕 … 45g
계란 … 1개

B | 판 비터 초콜릿* … 40g
　　| 헤이즐넛(또는 호두) … 40g
　　| 아몬드(홀) … 30g

(* 판 비터 초콜릿 : 일반 초콜릿에 비해 카카오매스의 함량이 높은 초콜릿. 블랙 초콜릿이라고도 한다.)

【 준비 】
- 헤이즐넛과 아몬드는 프라이팬에서 약불로 볶는다.
- 계란은 실온에 꺼내둔다.
- 판 초콜릿은 1.5cm 크기로 부순다.
- 팬에 오븐시트를 깐다.
- 오븐을 170℃로 예열한다.

1　볼에 계란을 넣고 거품기로 풀어준다.
2　체에 친 **A**와 설탕을 넣고 스크래퍼로 섞다가 가루기가 남아있을 때 **B**를 넣어 한 덩어리로 만든다.
3　오븐팬에 반죽을 올리고 물 묻힌 손으로 6×30cm(2cm 두께)의 길쭉한 타원형으로 다듬어 170℃의 오븐에서 25분간 굽는다.
4　한 김 식힌 후 1cm 폭으로 잘라 단면이 위로 가게 오븐팬에 늘어놓는다. 150℃의 오븐에서 15~20분간 구운 후 팬째로 식힌다.

반죽에 섞을 초콜릿은 판 초콜릿을 쓴다. 반죽과 조화를 생각해서 단맛을 줄인 비터 타입을 고르고 큼직하게 잘라서 사용한다.

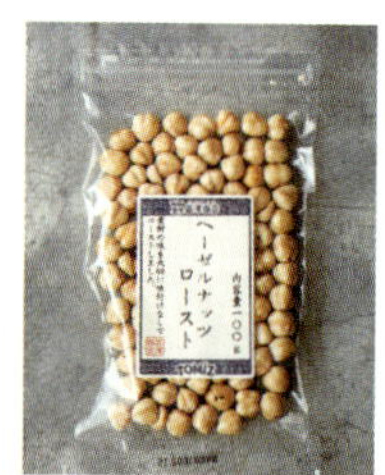

헤이즐넛은 개암나무 열매로, 초콜릿과 조합하거나 쿠키나 파이에 사용한다. 구워서 나온 것이라면 따로 볶을 필요는 없다.

5.

커피 비스코티

【 재료 】12cm 길이 25개 분량

A | 박력분 … 110g
　　| 베이킹소다 … 1/4 작은술

수수설탕 … 60g

B | 계란 … 1개
　　| 럼주 … 1큰술

커피콩(잘게 간 것) … 5작은술(8g)

마카다미아 너트(또는 호두, 아몬드) … 50g

【 준비 】

- 마카다미아 너트는 프라이팬에서
  약불로 볶아 세로로 4등분한다.
- 계란은 실온에 꺼내둔다.
- 팬에 오븐시트를 깐다.
- 오븐은 170℃로 예열한다.

1　볼에 **B**를 넣고 거품기로 풀어준다.

2　체에 친 **A**, 설탕, 커피를 넣고 스크래퍼로 섞다가 가
　루기가 남아있을 때 마카다미아 너트를 넣어 한 덩
　어리로 만든다.

3　스크래퍼를 이용해 오븐팬에 반죽을 올리고 물 묻
　힌 손으로 12×15cm(1.5cm 두께)의 평행사변형으
　로 다듬어 170℃의 오븐에서 25분간 굽는다.

4　한 김 식힌 후 6mm 폭으로 비스듬히 잘라 단면이
　위로 가게 오븐팬에 늘어놓는다. 150℃의 오븐에서
　15~20분간 구운 후 팬째로 식힌다.

원두를 곱게 갈아 사용하
면 두 번 구워도 커피의
깊은 맛과 향을 잘 남길
수 있다.

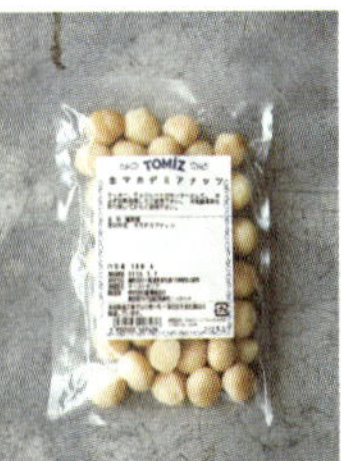

촉촉한 식감과 고소한 풍
미로 인기가 있는 마카다
미아 너트는 초콜릿이나
커피와 잘 어울린다. 다른
너트류에 비해 잘 으스러
지므로 쪼갤 때 조심한다.

럼주가 들어간 만큼 반죽
이 질어지므로 스크래퍼
를 이용해서 반죽을 오
븐팬 위에 옮긴다. 알콜
이 들어간 반죽은 구우면
더욱 바삭하게 완성된다.

6.

차이 무화과 비스코티

【 재료 】 12cm 길이 18개 분량

A | 박력분 … 110g
시나몬 파우더 … 1작은술
카다몸 파우더 … 1/2 작은술
진저 파우더 … 1/4 작은술
베이킹소다 … 1/4 작은술

수수설탕 … 50g
계란 … 1개
홍차 잎(얼그레이 티백) … 3개(6g)
B | 반건조 무화과 … 40g
호두 … 40g

【 준비 】
- 호두는 프라이팬에서 약불로 볶아 무화과와 함께 잘게 다진다 (푸드프로세서를 사용해도 OK).
- 계란은 실온에 꺼내둔다.
- 팬에 오븐시트를 깐다.
- 오븐은 170℃로 예열한다.

1 볼에 계란을 넣고 거품기로 풀어준다.
2 체에 친 A, 설탕, 홍차 잎을 넣고 스크래퍼로 섞다가 가루기가 없어지면 B를 넣어 한 덩어리로 만든다.
3 오븐팬에 반죽을 올리고 물 묻힌 손으로 12×15cm (1.8cm 두께)의 평행사변형으로 다듬어 170℃의 오븐에서 25분간 굽는다.
4 한 김 식힌 후 8mm 폭으로 비스듬히 잘라 단면이 위로 가게 오븐팬에 늘어놓는다. 150℃의 오븐에서 15~20분간 구운 후 팬째로 식힌다.

마살라차이에 흔히 쓰이는 시나몬, 카다몸, 진저. 이 세 가지 향신료는 건과일과 잘 어울린다. 반죽에 섞으면 이국적인 맛을 낸다.

찻잎이 자잘한 티백을 쓰고, 찻잎이 크면 절구 등으로 잘게 빻는다. 향이 강한 얼그레이를 추천한다.

잘게 다진 무화과는 반죽에 수분을 더한다. 바짝 마른 것이 아닌 촉촉한 반건조 무화과를 선택한다.

7.

너트 듬뿍 비스코티

【 재료 】 6cm 길이 36개 분량

A | 박력분 … 80g
　　| 베이킹파우더 … 1/4 작은술
그래뉴당 … 40g
계란 흰자 … 1개 분량
B | 아몬드(홀) … 50g
　　| 헤이즐넛(또는 호두) … 40g
　　| 피스타치오 … 20g

【 준비 】
- 아몬드와 헤이즐넛은 프라이팬에서 약불로 볶는다.
- 계란 흰자는 실온에 꺼내둔다.
- 팬에 오븐시트를 깐다.
- 오븐은 170℃ 로 예열한다.

1　볼에 계란 흰자를 넣고 거품기로 풀어준다.
2　체에 친 **A**와 그래뉴당을 넣고 스크래퍼로 섞다가 가루기가 남아있을 때 **B**를 넣어 한 덩어리로 만든다.
3　오븐팬에 반죽을 올리고 물 묻힌 손으로 6×22cm(2cm 두께)의 긴 타원형으로 다듬는다. 부푸는 것을 막기 위해 가운데 부분을 살짝 오목하게 만들어 170℃의 오븐에서 25분간 굽는다.
4　한 김 식힌 후 6mm 폭으로 잘라 단면이 위로 가게 오븐팬에 늘어놓는다. 150℃의 오븐에서 15분간 구운 후 팬째로 식힌다.

선명한 녹색이 시선을 끄는 피스타치오. 색을 유지하기 위해 볶지 않고 사용한다. 페이스트로 만들어 무스나 아이스크림에 넣어도 좋다.

8.

오렌지 잣 비스코티

【 재료 】 10cm 길이 12개 분량

A | 박력분 … 60g　　　　잣 … 30g
　　| 옥수수전분 … 20g　　아몬드(홀) … 20g
　　| 베이킹파우더 … 1/4 작은술
그래뉴당 … 40g
B | 계란 노른자…1개 분량
　　| 오렌지 과즙(또는 과즙 100% 주스)
　　　 … 2큰술

【 준비 】
- 잣과 아몬드는 프라이팬에서 약불로 볶고 아몬드는 거칠게 부순다.
- 계란 노른자는 실온에 꺼내둔다.
- 팬에 오븐시트를 깐다.
- 오븐은 170℃ 로 예열한다.

너트에 잘 어울리는 오렌지 과즙. 오렌지 껍질(왁스칠하지 않은 것) 간 것 2작은술을 설탕 넣는 순서에 같이 넣으면 한층 풍미가 좋아진다.

1　볼에 **B**를 넣고 거품기로 섞는다.
2　체에 친 **A**와 그래뉴당을 넣고 스크래퍼로 섞다가 가루기가 남아있을 때 너트류를 넣어 한 덩어리로 만든다.
3　오븐팬에 반죽을 올리고 물 묻힌 손으로 10×12cm(1.5cm 두께)의 평행사변형으로 다듬어 170℃의 오븐에서 25분간 굽는다.
4　한 김 식힌 후 1cm 폭으로 비스듬히 잘라 단면이 위로 가게 오븐팬에 늘어놓는다. 150℃의 오븐에서 20분간 구운 후 팬째로 식힌다.

아몬드만큼이나 비스코티에 자주 쓰이는 잣. 몸을 따뜻하게 하는 효능이 있어 한방약으로도 이용된다.

2

오일을 넣은
기본적인 비스코티
(얼그레이)

반죽에 약간의 오일을 더해 더욱 먹기 편한 비스코티.
가루 재료 양의 ¼을 기준으로 오일을 넣으면
바스락거리는 가벼운 식감이 일품입니다.
취향에 따라 오일은 1작은술까지 줄여도 좋습니다.
향긋한 얼그레이 찻잎을 가득 넣어
구워낸 비스코티.

【 재료 】 12cm 길이 18개 분량

A │ 박력분 … 120g
　│ 베이킹소다 … 1/4 작은술
그래뉴당 … 60g
B │ 계란 … 1개
　│ 식물성 오일* … 30g
홍차잎(얼그레이 티백) … 3개(6g)
아몬드(홀) … 60g

* 식물성 오일 대신 녹인 무염버터를 사용해도 맛있다.

【 준비 】

● 아몬드는 프라이팬에서 약불로 볶아
　거칠게 부순다.
● 계란은 실온에 꺼내둔다.
● 팬에 오븐시트(15×30cm)를 깐다.
● 오븐은 170℃로 예열한다.

1 │ 계란과 오일 섞기

볼에 B를 넣고 거품기로 섞는다.

* 거품은 내지 않아도 된다.

2 │ 가루 재료와 너트 섞기

A를 가볍게 섞어 체에 치고 그래뉴당과 홍차잎을 넣는다.

* 베이킹소다가 뭉치면 얼룩이 생기거나 쓴맛이 날 수 있으므로 주의한다.

스크래퍼로 자르듯이 누르며 섞는다.

* 스크래퍼로 주변의 가루를 긁어 모으며 사박사박 자르듯 섞는 것이 좋다.

3 │ 굽기

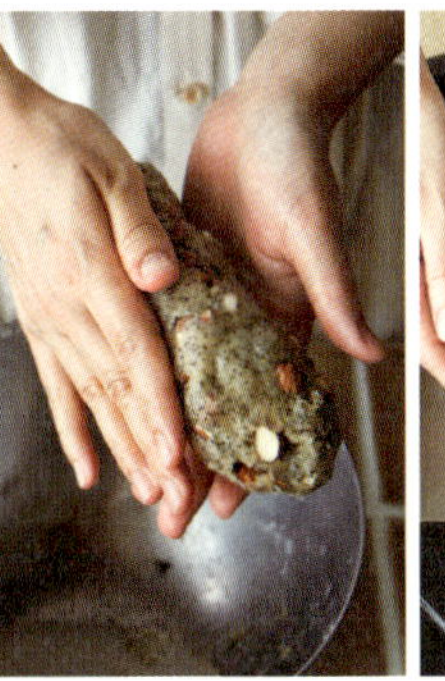

가루기가 남아있을 때 아몬드를 넣고 스크래퍼로 누르며 섞는다.

* 아몬드가 으깨지지 않도록 주의한다.

아몬드가 반죽 속에 들어가도록 꾹꾹 누르며 18cm 길이로 다듬는다.

* 지나치게 주무르면 반죽이 끈적하게 달라붙으므로 주의한다.

* 반죽이 끈적거리면 손에 물을 약간 묻힌다.

오븐팬에 반죽을 올리고 물 묻힌 손으로 12×18cm(1.5cm 두께)의 평행사변형으로 다듬어서 표면을 평평하게 만든다. 170℃의 오븐에서 25분간 굽고 식힘망에 올려 식힌다.

4 │ 잘라서 다시 굽기

한 김 식힌 후 1cm 폭으로 비스듬히 자른다.

* 너무 뜨겁거나 너무 식어도 자르기 어렵다. 톱칼을 앞뒤로 살살 움직이며 자르는 것이 비결.

단면이 위로 가게 오븐팬에 늘어놓고 150℃의 오븐에서 15~20분간 굽는다. 표면이 마르면 OK. 팬째로 식힌다.

* 10분 굽고 뒤집어서 계속 구우면 고르게 건조된다.

* 냉동 보관했다가 해동하지 않고 바로 먹을 수 있다.

1.

peanut butter

땅콩버터
비스코티

19세기 말 건강식품으로 널리 퍼졌으며,
지금은 미국의 식탁에서 빠질 수 없는 존재가 된
땅콩버터를 듬뿍 넣었습니다.
특유의 깊은 맛과 살살 녹는 식감이 더없이 좋습니다.

만드는 법은 30쪽에 →

시나몬 슈거를 빙글빙글 말아 넣은
시나몬롤에서 착안해 만든 소용돌이 모양 비스코티.
층이 생기도록 만든 반죽 덕에 다른 비스코티에는 없는
포슬포슬한 식감이 있습니다.

만드는 법은 31쪽에 →

초대 미국 대통령 조지 워싱턴이 즐겨 먹었다는
당근 케이크에서 착안한 비스코티.
크림치즈를 찍으면 풍미가 훌쩍 업그레이드됩니다.
시나몬과 클로브의 은근한 향이 포인트.

만드는 법은 32쪽에 →

4.
coconut

코코넛
비스코티

5.
Oreo cookie

오레오
비스코티

밀가루보다 코코넛이 더 많이 들어가는,
코코넛 홀릭을 위한 비스코티.
미국의 향수를 불러일으키는 코코넛 마카룬이 떠오릅니다.
코코넛은 타기 쉬우므로 구울 때 주의해야 합니다.

만드는 법은 33쪽에 →

남은 쿠키나 비스코티를 반죽에 섞으면 재미있는
비스코티가 완성됩니다. 이번에 사용한 것은 나비스코의 오레오.
100년 이상 여러 나라에서 사랑받아 온
오레오 본연의 맛을 해치지 않기 위해 크림째 넣었습니다.

만드는 법은 33쪽에 →

레몬과 코코아, 두 가지 반죽을 조합해서
재미있는 단면을 만들었습니다. 레몬 반죽에는 피스타치오,
코코아 반죽에는 헤이즐넛을 넣습니다.
제각기 따로 입에 들어와도, 같이 들어와도 맛있는 조합입니다.

만드는 법은 34쪽에 →

7.

dried cranberry & pistachio

크랜베리 피스타치오
비스코티

레드, 화이트, 그린. 크리스마스 컬러의 비스코티는
홀리데이 시즌의 선물로 좋습니다.
화이트초콜릿은 반죽에 섞기보다
다 구운 후 뿌려주는 것이 존재감을 드러냅니다.

만드는 법은 35쪽에 →

1.

땅콩버터 비스코티

【 재료 】 12cm 길이 18개 분량

A │ 박력분 … 80g
│ 시나몬 파우더… 1/3 작은술
│ 베이킹파우더 … 1/4 작은술
수수설탕(또는 황설탕) … 40g
B │ 계란 … 1개
│ 땅콩버터(무당·알갱이 없는 것) … 70g*
│ 식물성오일 … 1작은술
잣 … 30g
*〈스키피〉 제품을 쓸 때는 설탕을 30g으로 줄인다.

【 준비 】

- 잣은 프라이팬에서 약불로 볶는다.
- 계란은 실온에 꺼내둔다.
- 팬에 오븐시트를 깐다.
- 오븐은 170℃로 예열한다.

1 볼에 **B**를 넣고 거품기로 섞는다.
2 체에 친 **A**와 설탕을 넣고 스크래퍼로 섞다가 가루기가 남아 있을 때 잣을 넣어 한 덩어리로 만든다.
   ★ 반죽이 퍽퍽하면 물을 몇 방울 넣는다.
3 오븐팬에 반죽을 올리고 물 묻힌 손으로 12×15cm (1.5cm 두께)의 평행사변형으로 다듬어 170℃의 오븐에서 25분간 굽는다.
4 한 김 식힌 후 8mm 폭으로 비스듬히 잘라 단면이 위로 가게 오븐팬에 늘어놓는다. 150℃의 오븐에서 15~20분간 구운 후 팬째로 식힌다.

memo --
- 층이 분리된 땅콩버터는 잘 섞어서 쓴다.
- 오일은 다이하쿠 참기름*처럼 향이 강하지 않은 것, 또는 땅콩기름을 추천한다.

(* 다이하쿠 참기름 : 일본 다이하쿠(太白) 사에서 생산하는 참기름. 볶지 않은 생 깨를 짜서 만들기 때문에 특유의 향이나 색이 나지 않아 샐러드 외 다양한 요리에 쓰인다.)

미국의 국민 식사로도 불리는 땅콩버터 쿠키와 샌드위치. 땅콩버터는 무당에 알갱이가 없는 타입을 사용한다. 설탕이 약간 들어간 〈스키피〉 제품을 사용한다면 레시피에서 설탕을 10g 줄인다.

2.

시나몬롤 비스코티

【 재료 】 10cm 길이 18개 분량

A | 박력분 … 120g
　 | 베이킹소다 … 1/4 작은술

그래뉴당 … 40g

무염 버터 … 35g

계란 … 1개

〔 시나몬 슈거 〕

　시나몬 파우더 … 2작은술

　그래뉴당 … 4작은술

【 준비 】

- 버터는 1cm 크기로 잘라 계란과 함께 냉장실에서 차갑게 만든다.
- 시나몬 슈거의 재료를 섞는다.
- 팬에 오븐시트를 깐다.
- 오븐은 170℃로 예열한다.

1 체에 친 A와 버터를 볼에 넣고 스크래퍼로 섞다가 버터가 자잘해지면 양손으로 비벼 보슬보슬하게 만든다 〔ⓐ〕. 그래뉴당, 풀어둔 계란 순서로 넣고 스크래퍼로 섞다가 한 덩어리로 만든다.

★ 반죽이 너무 부드러워 다루기 어렵다면 랩에 싸서 30분~1시간 동안 냉장실에 넣어둔다.

2 랩에 시나몬 슈거를 조금 뿌린 후 반죽을 올리고 위에도 시나몬 슈거를 조금 뿌려준다. 랩을 한 장 더 덮고 밀대로 밀어 세로 25×가로 16cm로 편다〔ⓑ〕.
랩을 벗기고 시나몬 슈거를 뿌린 후(1작은술은 남겨둔다) 골고루 발라준다. 랩째로 들어서 가까운 쪽부터 말다가〔ⓒ〕 끝부분을 단단히 붙인다. 남은 시나몬 슈거를 전체적으로 뿌린다.

★ 반죽이 들러붙으면 밀가루 대신 시나몬 슈거를 조금씩 뿌린다.

3 오븐팬에 반죽을 올리고 10×18cm(1.5cm 두께)의 평행사변형으로 다듬는다〔ⓓ〕. 170℃의 오븐에서 25분간 굽는다.

★ 손으로 눌러 공기를 빼면 잘랐을 때 구멍이 생기지 않는다.

4 한 김 식힌 후 1cm 폭으로 비스듬히 잘라 단면이 위로 가게 오븐팬에 늘어놓는다. 150℃의 오븐에서 20분간 구운 후 팬째로 식힌다.

3.

당근 케이크 비스코티

【 재료 】10cm 길이 25개 분량

A | 박력분 … 100g
　　시나몬 파우더 … 1/2 작은술
　　클로브 파우더 … 1/4 작은술
　　베이킹파우더 … 1/3 작은술

수수설탕(또는 황설탕) … 50g
계란 … 1개*
식물성 오일 … 25g

B | 당근 … 1/4 개(50g)
　　건포도 … 20g
　　호두 … 20g

〔 치즈크림 〕
　크림치즈 … 40g
　꿀 … 1작은술

* 계란 노른자와 흰자 10g은 반죽에, 남은 흰자는 광택을
낼 때 쓴다.

【 준비 】

- 호두는 프라이팬에서 약불로 볶아
  당근, 건포도와 함께 잘게 다진다
  (푸드프로세서로 갈아도 OK).
- 계란은 실온에 꺼내둔다.
- 팬에 오븐시트를 깐다.
- 오븐은 170℃로 예열한다.

1　계란 노른자, 흰자 10g, 오일을 볼에 넣고 거품기로
　잘 섞어준다.
2　체에 친 **A**와 설탕을 넣고 스크래퍼로 섞다가 가루기
　가 없어지면 **B**를 넣어 한 덩어리로 만든다.
3　오븐팬에 반죽을 올리고 물 묻힌 손으로 10×20cm
　(1.2cm 두께)의 평행사변형으로 다듬은 후, 남겨놓은
　계란 흰자를 솔로 표면에 바른다. 170℃의 오븐에서
　25분간 굽는다.
4　한 김 식힌 후 8mm 폭으로 비스듬히 잘라 단면이 위
　로 가게 오븐팬에 늘어놓는다. 150℃의 오븐에서 30
　분간 구운 후 팬째로 식힌다. 취향에 따라 크림치즈
　와 꿀을 섞은 것을 곁들인다.

* 도중에 너무 색이 짙어지면 140℃로 낮춘다.

m e m o --
• 오일은 다이하쿠 참기름처럼 향이 강하지 않은 것, 또는 코코넛 오일
(33쪽)을 추천한다.

클로브 파우더는 정향나　　당근, 건포도, 호두는 잘게
무의 피지 않은 꽃봉오리　다져서 반죽에 넣는다. 푸
를 말린 향신료. 당근 케　드프로세서로 갈아도 좋
이크나 호박 파이, 사과　은데, 그러면 열기가 골
파이 등에 폭넓게 쓰인다.　루 통해서 식감이 좋
　　　　　　　　　　　　아진다.

4.

코코넛 비스코티

【 재료 】8cm 길이 22개 분량

A | 박력분 … 30g
　　베이킹파우더 … 1/5 작은술
그래뉴당 … 30g
B | 계란 흰자 … 1개 분량
　　코코넛 오일 … 20g

코코넛 가루 … 50g
제과용 비터 초콜릿, 코코넛 가루(마무리용) … 적당량

【 준비 】
- 계란 흰자는 실온에 꺼내둔다.
- 굳어있는 코코넛 오일은 전자레인지나 중탕으로 녹인다.
- 팬에 오븐시트를 깐다.
- 오븐은 170℃로 예열한다.

1 볼에 B를 넣고 거품기로 섞는다.
2 체에 친 A, 그래뉴당, 코코넛을 넣고 스크래퍼로 섞다가 가루기가 없어지면 한 덩어리로 만든다.
3 오븐팬에 반죽을 올리고 물 묻힌 손으로 8×18cm(1.2cm 두께)의 평행사변형으로 다듬어 170℃의 오븐에서 25분간 굽는다.
4 한 김 식힌 후 8mm 폭으로 비스듬히 잘라 단면이 위로 가게 오븐팬에 늘어놓는다. 150℃의 오븐에서 20분간 구운 후 팬째로 식힌다.
5 완전히 식으면 중탕으로 녹인 초콜릿(61쪽 참조)을 숟가락으로 떠서 비스코티의 절반 정도에 입히고 코코넛 가루를 뿌려서 굳힌다.

코코넛 과육을 깎아낸 후 말려서 잘게 만든 코코넛 가루. 달고 진한 풍미로, 베이킹 등에 쓰이는 인기 재료.

코코넛 과육에서 추출한 코코넛 오일은 20℃ 이하에서 딱딱해지는 특성이 있다. 버터 대용으로 쓰이기도 한다.

5.

오레오 비스코티

【 재료 】14cm 길이 15개 분량

A | 박력분 … 120g
　　베이킹소다 … 1/4 작은술
그래뉴당 … 50g
B | 계란 … 1개
　　식물성 오일 … 30g

오레오 쿠키 … 5개
호두 … 40g

【 준비 】
- 호두는 프라이팬에서 약불로 볶는다.
- 계란은 실온에 꺼내둔다.
- 오레오는 손으로 부수어 4등분한다〔ⓐ〕.
- 오븐은 170℃로 예열한다.

ⓐ

1 볼에 B를 넣고 거품기로 섞는다.
2 체에 친 A와 그래뉴당을 넣고 스크래퍼로 섞다가 가루기가 남아있을 때 호두, 오레오 순으로 넣고 섞어서 한 덩어리로 만든다.
3 오븐팬에 반죽을 올리고 물 묻힌 손으로 14×18cm(1.5cm 두께)의 평행사변형으로 다듬어 170℃의 오븐에서 25분간 굽는다.
4 한 김 식힌 후 1.2cm 폭으로 비스듬히 잘라 단면이 위로 가게 오븐팬에 늘어놓는다. 150℃의 오븐에서 15~20분간 구운 후 팬째로 식힌다.

6.

레몬 코코아 마블 비스코티

【 재료 】 12cm 길이 15개 분량

〔레몬 반죽〕

A | 박력분 … 60g
　| 베이킹파우더 … ¼ 작은술

그래뉴당 … 30g

B | 계란 … ½ 개분
　| 식물성 오일 … 1큰술

레몬 껍질 간 것(왁스칠하지 않은 레몬 사용)
　 … 작은 것 1개 분량

피스타치오 … 20g

〔코코아 반죽〕

C | 박력분 … 45g
　| 코코아 … 10g
　| 베이킹파우더 … ¼ 작은술

그래뉴당 … 30g

D | 계란 … ½ 개 분량
　| 식물성 오일 … 1큰술

헤이즐넛(또는 아몬드) … 30g

【 준비 】

- 헤이즐넛은 프라이팬에서 약불로 볶아 반으로 자른다.
- 계란은 실온에 꺼내둔다.
- 팬에 오븐시트를 간다.
- 오븐은 170℃ 로 예열한다.

1 레몬 반죽을 만든다. 볼에 **B**를 넣고 거품기로 섞는다.

2 체에 친 **A**, 그래뉴당, 레몬 껍질을 넣고 스크래퍼로 섞다가 가루기가 남아있을 때 피스타치오를 넣고 한 덩어리로 만들어 12cm 길이로 다듬는다.

3 코코아 반죽을 만든다. 볼에 **D**를 넣고 거품기로 섞는다. 체에 친 **C**와 그래뉴당을 넣고 스크래퍼로 섞다가 가루기가 남아있을 때 헤이즐넛을 넣고 한 덩어리로 만들어 12cm 길이로 다듬는다. 레몬 반죽과 함께 겹쳐서 꼰다.

4 오븐팬에 반죽을 올리고 물 묻힌 손으로 12×15cm (1.2cm 두께)의 평행사변형으로 다듬어 170℃의 오븐에서 25분간 굽는다.

5 한 김 식힌 후 1cm 폭으로 잘라 단면이 위로 가게 오븐팬에 늘어놓는다. 150℃의 오븐에서 15~20분간 구운 후 팬째로 식힌다.

레몬 반죽과 코코아 반죽을 함께 꼬아 한 덩어리로 만든다. 반죽을 합친 후 계속 주무르면 모양이 흐트러지므로 조심한다.

반죽을 팬에 올리고 평행사변형으로 다듬는다. 손에 약간의 물을 묻혀 이음매를 꼼꼼히 마무리하면 반죽이 분리되지 않고, 마블 모양이 예쁘게 나온다.

7.

크랜베리 피스타치오 비스코티

【 재료 】 12cm 길이 15개 분량

A│ 박력분 … 120g
 │ 베이킹소다 … ¼ 작은술
그래뉴당 … 50g
B│ 계란 … 1개
 │ 식물성 오일 … 30g
건크랜베리 … 40g
피스타치오 … 40g
제과용 화이트초콜릿(마무리용) … 적당량

【 준비 】
- 계란은 실온에 꺼내둔다.
- 팬에 오븐시트를 깐다.
- 오븐은 170℃로 예열한다.

1 볼에 **B**를 넣고 거품기로 섞는다.
2 체에 친 **A**와 그래뉴당을 넣고 스크래퍼로 섞다가 가루기가 남아있을 때 크랜베리, 피스타치오를 넣어 한 덩어리로 만든다.
3 오븐팬에 반죽을 올리고 물 묻힌 손으로 12×15cm (1.5cm 두께)의 평행사변형으로 다듬어 170℃의 오븐에서 25분간 굽는다.
4 한 김 식힌 후 1cm 폭으로 비스듬히 잘라 단면이 위로 가게 오븐팬에 늘어놓는다. 150℃의 오븐에서 15~20분간 구운 후 팬째로 식힌다.
5 완전히 식으면 중탕으로 녹인 화이트초콜릿(60쪽 참조)을 숟가락으로 떠서 비스코티의 절반 정도에 입히고 상온에서 굳힌다.

memo --
- 오일은 코코넛 오일(33쪽)이나 무염 버터를 녹여 쓰면 풍미가 더 좋다.

북미산 건크랜베리는 선명한 붉은색과 산미가 매력적이다. 미국에서 특히 인기가 높으며 베이킹, 샐러드 등에 폭넓게 쓰인다.

중탕으로 녹인 화이트초콜릿은 숟가락으로 떠서 비스코티의 반 정도에 입힌다. 늘어지는 초콜릿은 주걱 등으로 긁어서 떼어낸다.

초콜릿을 바른 후 오븐시트 위에 올리고 상온에서 굳힌다. 초콜릿은 윗면의 반 정도만 덮는 것이 딱 좋다.

3 계란을 넣지 않은 기본적인 비스코티 (레몬)

계란 대신 요구르트를 넣어서
식감이 딱딱하고 맛이 산뜻한 비스코티.
찰기가 생기기 쉬운데, 옥수수전분을 넣고 얇게 잘라서
오븐에 넣으면 바삭하게 구워낼 수 있습니다.
레몬 껍질을 넣어서 은은한 산미를 더했습니다.

【 재료 】 12cm 길이 25개 분량

A │ 박력분 … 90g
　│ 옥수수전분 … 30g
　│ 베이킹소다 … 1/4 작은술
그래뉴당 … 60g
B │ 플레인 요구르트 … 40g
　│ 우유 … 30g
레몬 껍질 간 것(왁스칠하지 않은 레몬 사용)
　 … 1개 분량
캐슈너트 … 60g
제과용 화이트초콜릿(마무리용),
　 슬라이스 아몬드(잘게 다진 것) … 적당량

【 준비 】
- 캐슈너트는 프라이팬에서 약불로 볶아
　세로로 반을 가른다.
- 요구르트와 우유는 실온에 꺼내둔다.
- 팬에 오븐시트(15×30cm)를 깐다.
- 오븐은 170℃로 예열한다.

1 │ 요구르트와 우유 섞기

볼에 B를 넣고 거품기로 섞는다.

2 │ 가루 재료와 너트류 섞기

A를 가볍게 섞어 체에 치고 그래뉴당과 레몬 껍질을 넣는다.

★ 베이킹소다가 뭉치면 얼룩이 생기거나 쓴맛이 날 수 있으므로 주의한다.

스크래퍼로 자르듯이 누르며 섞다가 가루기가 남아있을 때 캐슈너트를 넣고 스크래퍼로 눌러가며 섞는다.

★ 반죽이 퍽퍽하면 우유 몇 방울을 더한다.

3 │ 굽기

반죽이 모아지면 캐슈너트를 반죽 속에 꾹꾹 밀어 넣으며 15cm 길이로 다듬는다.

★ 반죽을 많이 주무르면 구웠을 때 딱딱해지므로 주의한다.

오븐팬에 반죽을 올리고 물 묻힌 손으로 12×15cm(1.5cm 두께)의 평행사변형으로 다듬어 표면을 평평하게 만든다. 170℃의 오븐에서 25분간 굽고 식힘망에 올려 식힌다.

4 │ 잘라서 다시 굽기

한 김 식힌 후 6mm 폭으로 비스듬히 자른다.

★ 너무 뜨겁거나 너무 식어도 자르기 어렵다. 톱칼을 앞뒤로 살살 움직이며 자르는 것이 비결.

단면이 위로 가게 오븐팬에 늘어놓고 150℃의 오븐에서 20~25분간 굽는다. 표면이 마르면 OK. 팬째로 식힌다.

★ 개수가 많으므로 두 번에 나누어 굽는다.

★ 10분 굽고 뒤집어서 계속 구우면 고르게 건조된다.

5 │ 초콜릿 뿌리기

비스코티가 완전히 식으면 중탕으로 녹인 화이트초콜릿(60쪽 참조)을 숟가락으로 떠서 절반 정도 입히고 아몬드를 뿌려 상온에서 굳힌다.

1.
pumpkin
호박
비스코티

아메리카 대륙이 원산지인 단호박을 바탕으로 하여,
추수감사절에 빠지지 않는 메뉴인 호박 파이의 향을 더한
정통 아메리칸 비스코티. 단호박의 수분 때문에
반죽이 버석거리면 우유를 넣어보세요.

만드는 법은 42쪽에 →

대공황 시대의 주부들이 가계에 보탬이 되고자 고안했다고 하는
바나나 브레드는, 이제 미국에서는 엄마의 맛이 되었습니다.
그것을 비스코티에 재현해보았습니다.
잘 마르지 않으므로 얇게 썰고 시간을 들여 차분히 구워보세요.

만드는 법은 43쪽에 →

미국에서 바나나 퓌레, 푸룬 퓌레와 함께
오일, 설탕, 계란 등의 대체 재료로 쓰이는
애플 소스는 사과를 눅진하게 으깨어 익힌 것입니다.
비스코티 반죽에 섞으면 은근하고 부드러운 맛이 감돕니다.

만드는 법은 44쪽에 →

4.
sweet potato
스위트포테이토
비스코티

진한 밀크티와 잘 어울려서 깊어가는 가을에 딱 맞는 비스코티.
고구마와 크랜베리, 피칸 등 미국의 단골 식재료에
중국의 향신료인 오향분을 더해서
신선한 인상을 줍니다.

만드는 법은 45쪽에 →

1.

호박 비스코티

【 재료 】 12cm 길이 15개 분량

A | 박력분 … 100g
　　시나몬 파우더 … 1/2 작은술
　　클로브 파우더 … 1/4 작은술
　　베이킹파우더 … 1/3 작은술

수수설탕 … 40g

B | 단호박(씨와 속, 껍질 제거한 것)* … 80g
　　식물성 오일 … 30g

단호박 씨(혹은 호두) … 50g

＊ 냉동 단호박도 OK.

【 준비 】

- 단호박은 가로세로 4cm 크기로 잘라 내열용기에 담고 랩을 느슨하게 씌워 전자레인지(600W)에서 3분간 익히고 숟가락으로 으깬다.
- 단호박 씨는 프라이팬에서 약불로 볶는다.
- 팬에 오븐시트를 깐다.
- 오븐은 170℃로 예열한다.

1　볼에 **B**를 넣고 거품기로 섞는다.

2　체에 친 **A**와 설탕을 넣고 스크래퍼로 섞다가 가루기가 남아있을 때 단호박 씨를 넣어 한 덩어리로 만든다.

＊ 반죽이 퍽퍽하면 우유 몇 방울을 떨어뜨린다.

3　오븐팬에 반죽을 올리고 물 묻힌 손으로 12×12cm (2cm 두께)의 평행사변형으로 다듬어 170℃의 오븐에서 25분간 굽는다.

4　한 김 식힌 후 8mm 폭으로 비스듬히 잘라 단면이 위로 가게 오븐팬에 늘어놓는다. 150℃의 오븐에서 25~30분간 구운 후 팬째로 식힌다.

memo --
• 오일은 다이하쿠 참기름처럼 향이 강하지 않은 것, 또는 코코넛 오일 (33쪽 참조)을 추천한다.

단호박은 한입 크기로 잘라 내열 용기에 담고 랩을 느슨하게 씌워 전자레인지에서 3분간 익힌다. 부드러워지도록 숟가락으로 으깬다. 찜기로 쪄도 좋다.

미국에서는 핼러윈 때 호박등을 만들고 남은 단호박 씨앗을 구워서 껍질째 먹기도 한다. 제과용으로는 껍질 벗긴 것을 사용하며 그대로 간식으로 먹거나 베이킹에 토핑으로 올려도 좋다.

2.

바나나 양귀비 씨 비스코티

【 재료 】 12cm 길이 24개 분량

A 박력분 … 100g
　카다몸 파우더 … 1/3 작은술
　베이킹파우더 … 1/3 작은술
수수설탕(또는 황설탕) … 30g
B 완숙 바나나 … 중간 크기 1개(정미 80g)
　무염 버터(또는 코코넛 오일)* … 30g
양귀비 씨(블루) … 20g

* 코코넛 오일은 33쪽 참조.

【 준비 】

- 버터는 전자레인지에 돌리거나 중탕으로 녹인 후 식힌다.
- 바나나는 거품기로 으깨어 퓌레로 만든다.
- 팬에 오븐시트를 깐다.
- 오븐은 170℃로 예열한다.

1 볼에 **B**를 넣고 거품기로 섞는다.
2 체에 친 **A**, 설탕, 양귀비 씨를 넣고 스크래퍼로 섞다가 가루기가 없어지면 한 덩어리로 만든다.
3 스크래퍼를 이용해 오븐팬에 반죽을 올리고 물 묻힌 손으로 12×12cm(1.5cm 두께)의 평행사변형으로 다듬어 170℃의 오븐에서 25분간 굽는다.

* 들러붙더라도 손에 물을 너무 많이 묻히지 않도록 한다.

4 한 김 식힌 후 5mm 폭으로 잘라 단면이 위로 가게 오븐팬에 늘어놓는다. 150℃의 오븐에서 25~30분간 구운 후 팬째로 식힌다.

* 굽는 도중에 색이 진해지면 140℃로 낮춘다.

* 잘 마르지 않는 반죽이므로 천천히 구워서 건조한다.

memo ------------------
- 덜 익은 바나나(껍질에 검은 반점이 없는 것)를 사용할 때는 180℃의 오븐에서 껍질째 10분간 굽는 것이 좋다.

우아한 향이 특징인 카다몸 파우더는 카레 요리나 북유럽의 과자에 자주 쓰인다. 미국에서는 바나나와의 조합을 자주 볼 수 있다.

양귀비 씨(블루)는 중앙·동유럽의 과자, 레몬이나 바나나를 넣은 과자 등에 많이 첨가된다. 블루와 화이트가 있다.

바나나를 넣은 반죽은 끈적끈적하므로 스크래퍼를 이용해서 팬으로 옮긴다. 다듬을 때 손에 들러붙더라도 물을 너무 많이 묻히지 않도록 한다.

3.

애플 소스 비스코티

【 재료 】12cm 길이 15개 분량

A | 전립분(박력분 타입) … 50g
　| 박력분 … 50g
　| 시나몬 파우더 … 1/3 작은술
　| 베이킹파우더 … 1/3 작은술
그래뉴당 … 40g
〖 애플 소스 〗(약 200g 분량)
　사과 … 2개(정미 500g)
　레몬즙 … 2작은술
　소금 … 두 자밤
단호박 씨(또는 호두) … 50g

【 준비 】

- 단호박 씨는 프라이팬에서 약불로 볶는다.
- 팬에 오븐시트를 깐다.

1　애플 소스를 만든다. 사과는 껍질을 벗기고 얇게 은행잎 썰기 하여 작은 냄비에 다른 재료와 함께 담고, 중불에서 익힌다. 사과가 끓어오르면 뚜껑을 덮고 약불로 낮추어 15~20분간 끓인다. 눅진하게 풀어지면 거품기로 으깨어 퓌레로 만들어 식힌다. 오븐은 170℃로 예열한다.

2　볼에 애플 소스 60g, 체에 친 A와 그래뉴당을 넣고 스크래퍼로 섞다가 가루기가 남아있을 때 단호박 씨를 넣어 한 덩어리로 만든다.

3　오븐팬에 반죽을 올리고 물 묻힌 손으로 12×12cm (1.8cm 두께)의 평행사변형으로 다듬어 170℃의 오븐에서 25분간 굽는다.

4　한 김 식힌 후 8mm 폭으로 비스듬히 잘라 단면이 위로 가게 오븐팬에 늘어놓는다. 150℃의 오븐에서 25~30분간 구운 후 팬째로 식힌다.

* 잘 마르지 않는 반죽이므로 천천히 시간을 들여 건조한다.

애플 소스는 사과, 레몬즙, 소금을 넣고 끓여 부드럽게 으깨면 완성. 남은 소스는 그대로 먹거나 요구르트, 머핀 등에 곁들여도 좋다.

볼에 애플 소스 60g을 넣고 가루 재료와 설탕을 더한 후, 스크래퍼로 사박사박 자르듯이 섞는다. 소스와 가루가 전체적으로 어우러지면 OK.

4.

스위트포테이토 비스코티

【 재료 】 12cm 길이 15개 분량

A 박력분 … 100g
   오향분 … 1/2 작은술
   베이킹파우더 … 1/3 작은술
수수설탕 … 40g
B 고구마 … 중간 크기 1/3 개(정미 80g)
   식물성 오일 … 30g
   우유 … 2작은술
건크랜베리 … 30g
피칸(또는 호두) … 30g

【 준비 】

● 고구마는 껍질을 벗기고 한입 크기로
  물에 적신 키친타월로 싼다.
  내열용기에 담고 랩을 느슨하게 씌워서
  전자레인지(600W)에서 4분간 익히고
  숟가락으로 으깬다.
● 피칸은 프라이팬에서 약불로 볶는다.
● 팬에 오븐시트를 깐다.
● 오븐은 170℃로 예열한다.

1 볼에 B를 넣고 거품기로 섞는다.
2 체에 친 A와 설탕을 넣고 스크래퍼로 섞다가 가루
  기가 남아있을 때 크랜베리와 피칸을 넣어 한 덩어
  리로 만든다.
  ★ 반죽이 퍽퍽하면 우유 몇 방울을 떨어뜨린다.

3 오븐팬에 반죽을 올리고 물 묻힌 손으로 12×12cm
  (2cm 두께)의 평행사변형으로 다듬어 170℃의 오븐
  에서 25분간 굽는다.
4 한 김 식힌 후 8mm 폭으로 비스듬히 잘라 단면이
  위로 가게 오븐팬에 늘어놓는다. 150℃의 오븐에서
  25~30분간 구운 후 팬째로 식힌다.

memo --
• 오향분은 취향에 따라 가감한다.
• 오일은 다이하쿠 참기름처럼 향이 강하지 않은 것, 또는 코코넛 오일
  (33쪽)을 추천한다.

오향분은 계피, 팔각, 정
향, 산초, 회향 등을 섞은
중국의 향신료. 단호박이
나 고구마 파이, 아이스
크림 등에 향을 더할 때
도 쓴다.

북미 대륙이 원산지이며
미국에서 특히 인기가 있
는 피칸. 호두와 비슷하
게 생겼지만 지방분이 많
고 떫은맛이 적어서 누구
나 사랑하는 맛이다. 베
이킹 전반에 쓰인다.

고구마는 전자레인지에
가열하여 숟가락으로 으
깬다. 찜기에 찌거나 자
르지 않고 껍질째 포일에
싸서 200℃의 오븐에서
30분간 구워도 OK.

4 밀가루를 넣지 않은 기본적인 비스코티
(쌀가루와 콩가루)

쌀가루, 콩가루, 오트밀 가루를 사용하면
색다른 맛의 비스코티를 만들 수 있습니다.
쌀가루와 콩가루의 조합에 풍미를 더하기 위해 시나몬을
넣었습니다. 잘 부서지므로 자를 때 조심해야 합니다.
타기도 쉬워서 낮은 온도에서 상태를 보며 구워야 합니다.

【 재료 】 6cm 길이 27개 분량

A │ 제과용 쌀가루 … 70g
│ 콩가루 … 15g
│ 시나몬 파우더 … 1/2 작은술
│ 베이킹파우더 … 1/3 작은술
│ 소금 … 넉넉한 한 자밤

수수설탕 … 40g

B │ 계란 … 1개
│ 식물성 오일 … 1큰술

호두 … 30g

【 준비 】

- 호두는 프라이팬에서 약불로 볶는다.
- 계란은 실온에 꺼내둔다.
- 팬에 오븐시트(15×30cm)를 깐다.
- 오븐은 170℃로 예열한다.

1 │ 계란과 오일 섞기

볼에 B를 넣고 거품기로 섞는다.

★ 거품은 내지 않아도 된다.

2 │ 가루 재료와 너트 섞기

A를 가볍게 섞어 체에 치고 설탕을 넣는다.

스크래퍼로 자르듯이 누르며 섞는다.

★ 스크래퍼로 주변의 가루를 긁어모으며 사박사박 자르듯 섞는 것이 좋다.

가루기가 없어지고 반죽이 촉촉해지면 호두를 넣고 스크래퍼로 누르며 섞는다.

★ 반죽이 덩어리지지 않으면 물 몇 방울을 넣는다.

스크래퍼를 이용하여 반죽을 오븐팬 위에 올린다.

3 │ 굽기

물 묻힌 손으로 6×22cm (1.5cm 두께)의 긴 타원형으로 다듬고 표면을 평평하게 만든다. 170℃의 오븐에서 20분간 굽고 식힘망에 올려 식힌다.

★ 쌀가루 반죽은 시간이 지나면 끈적이기 시작하므로 재빨리 진행한다.

4 │ 잘라서 다시 굽기

한 김 식힌 후 8mm 폭으로 자른다.

★ 너무 뜨겁거나 너무 식어도 자르기 어렵다. 톱칼을 앞뒤로 살살 움직이며 자르는 것이 비결.

단면이 위로 가게 오븐팬에 늘어놓고 140℃의 오븐에서 20분간 굽는다. 표면이 마르면 OK. 팬째로 식힌다.

★ 10분 굽고 뒤집어 계속 구우면 고르게 건조된다.

★ 냉동 보관했다가 해동하지 않고 바로 먹을 수 있다.

BASIC

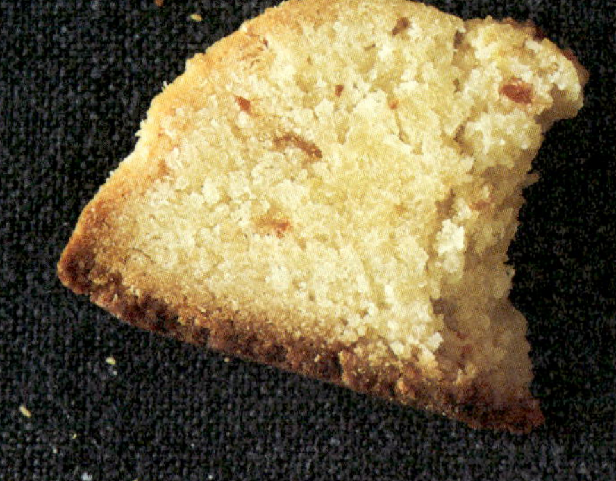

5 한 번 구운 기본적인 안스코티 (마멀레이드)

한 번만 굽는 소프트 쿠키 풍의 비스코티.
딱딱한 것을 싫어하는 사람에게 추천합니다.
원래는 아니스를 넣어 심플하게
한 번 굽는 경우가 많은데,
이번에는 아몬드 파우더를 사용해서
촉촉한 식감을 내보았습니다.
초콜릿을 뿌리면 더욱 맛있습니다.

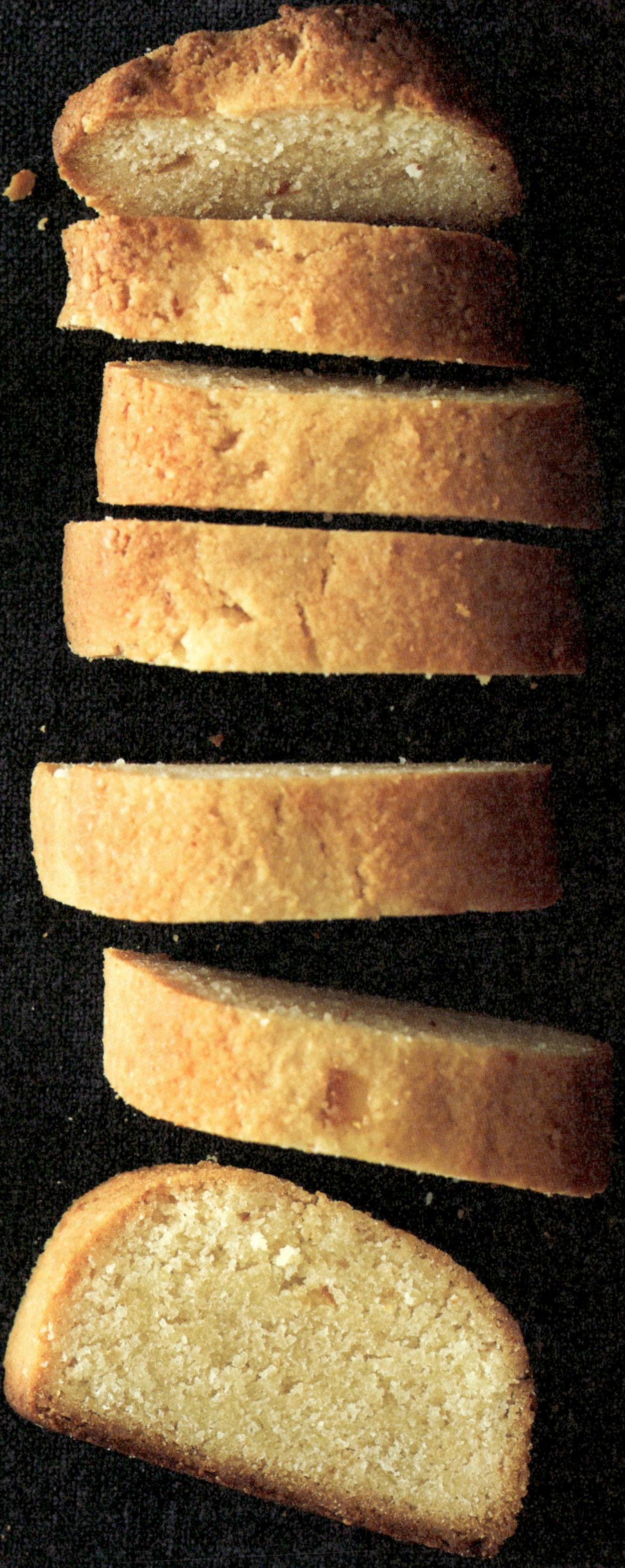

【 재료 】 4cm 길이 12개 분량

A │ 아몬드 파우더 … 70g
  │ 전분 … 10g
  │ 베이킹파우더 … 1/4 작은술
오렌지 마멀레이드 … 50g

【 준비 】
- 마멀레이드는 덩어리가 크면 잘게 다진다.
- 팬에 오븐시트(15×30cm)를 깐다.
- 오븐은 170℃로 예열한다.

0 │ 아몬드 파우더 볶기

1 │ 마멀레이드와 가루 재료 섞기

아몬드 파우더는 프라이팬에서 약불로 볶아 식힌다.

★ 150℃의 오븐에서 10분간 구워도 좋다.

볼에 마멀레이드를 담고 A를 가볍게 섞어 체에 쳐서 넣는다.

스크래퍼로 자르듯이 누르며 섞는다.

★ 스크래퍼로 주변의 가루를 긁어모으며 사박사박 자르듯 섞는 것이 좋다.

2 │ 굽기

3 │ 식혀서 자르기

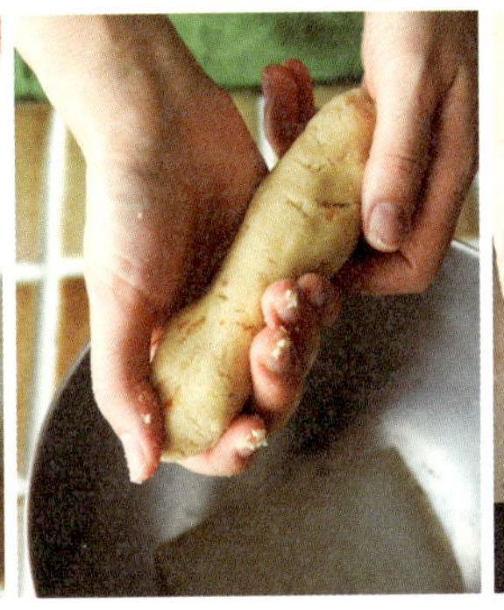

손으로 누르듯이 반죽하여 마멀레이드와 가루를 골고루 섞는다.

15cm 길이의 한 덩어리로 만든다.

오븐팬에 반죽을 올리고 물 묻힌 손으로 4×15cm(2cm 두께)의 긴 타원형으로 다듬고 표면을 평평하게 한다.

★ 물 묻힌 손으로 표면을 평평하게 다듬으면 굽는 과정에서 덜 갈라진다.

170℃의 오븐에서 20분간 굽고 식힘망에 올려 식힌다.

★ 표면이 딱딱하고 뒷면에 짙은 색이 나면 잘 구워진 것으로 볼 수 있다.

완전히 식으면 1.2cm 폭으로 자른다.

★ 톱칼을 앞뒤로 살살 움직이며 자르는 것이 비결.

★ 수분이 남아있으므로 만든 당일 다 먹는 것을 추천한다.

1.
almond flour & coconut
아몬드 파우더와
코코넛 비스코티

아몬드 파우더와 코코넛을 듬뿍 넣은 고소한 비스코티.
바닐라 오일의 달콤한 향으로 포인트를 주었습니다.
타기 쉬우므로 색이 짙어지면
온도를 조절하며 구워야 합니다.

만드는 법은 54쪽에 →

2.
oatmeal & chocolate

오트밀 초코 비스코티

유럽에서 북미로 이주해온 사람들이 가져온 오트밀.
쿠키의 부재료 등으로 사랑받는 오트밀을 가루로 빻아
비스코티 반죽을 만들면 바삭바삭한 식감이 살아납니다.
너트처럼 고소한 향도 매력적입니다.

만드는 법은 55쪽에 →

쌀가루로 만든 비스코티는 전병을 연상시키는
바삭한 식감이 기분 좋습니다. 넉넉하게 들어가는 말차는
향이 좋은 것으로 골라 주세요. 말차와 어울리는
화이트초콜릿을 뿌리는 것도 추천합니다.

만드는 법은 56쪽에 →

미국의 전통적인 당밀과자 '허미츠'에서
아이디어를 얻었습니다. 당밀 대신 꿀을 넣고,
속에는 맛이 진한 크림치즈를 넣었습니다.
갓 구워도, 식혀서 먹어도 맛있는 비스코티.

만드는 법은 56쪽에 →

1.

아몬드 파우더와 코코넛 비스코티

【 재료 】8cm 길이 30개 분량

A | 아몬드 파우더 … 30g
  | 베이킹파우더 … ⅕ 작은술

수수설탕 … 30g

B | 계란 … 1개
  | 바닐라 오일 … 약간

코코넛 가루 … 50g

【 준비 】

- 아몬드 파우더는 프라이팬에서 약불로 볶는다.
- 계란은 실온에 꺼내둔다.
- 팬에 오븐시트를 깐다.
- 오븐은 170℃로 예열한다.

1　볼에 **B**를 넣고 거품기로 섞는다.

2　체에 친 **A**, 설탕, 코코넛을 넣고 스크래퍼로 섞다가 가루기가 없어지면 한 덩어리로 만든다.

3　오븐팬에 반죽을 올리고 물 묻힌 손으로 8×18cm (1.2cm 두께)의 평행사변형으로 다듬어 170℃의 오븐에서 15분, 160℃로 낮추어 10분간 굽는다.

4　한 김 식힌 후 6mm 폭으로 잘라 단면이 위로 가게 오븐팬에 늘어놓는다. 150℃의 오븐에서 10분, 140℃로 낮추어 10분간 구운 후 팬째로 식힌다.

지금까지는 미국에서 많이 사용되지 않았던 아몬드 파우더. 글루텐 프리 제품을 찾는 사람들이 늘어나면서 밀가루 대체식품으로 주목받고 있다. 프라이팬에서 볶으면 아몬드의 향이 훨씬 좋아진다. 150℃의 오븐에서 5~6분간 구워도 좋다.

2.

오트밀 초코 비스코티

【 재료 】 10cm 길이 15개 분량

A | 오트밀 ··· 50g
아몬드 파우더 ··· 50g
전분 ··· 10g
시나몬 파우더 ··· 1작은술
베이킹파우더 ··· 1/3 작은술

수수설탕 ··· 50g

B | 계란 ··· 1개
식물성 오일* ··· 10g

잣 ··· 30g

제과용 비터 초콜릿(마무리용) ··· 적당량

* 코코넛 오일(33쪽)을 추천한다.

【 준비 】

- 아몬드 파우더와 잣은 각각 프라이팬에서 약불로 볶은 후 식힌다.
- 계란은 실온에 꺼내둔다.
- 오트밀은 푸드프로세서에 곱게 갈아 분말로 만든다.(절구에 빻아도 OK)
- 팬에 오븐시트를 깐다.
- 오븐은 170℃로 예열한다.

1 볼에 **B**를 넣고 거품기로 섞는다.

2 체에 친 **A**와 설탕을 넣고 스크래퍼로 섞다가 가루기가 없어지면 잣을 넣어 한 덩어리로 만든다.
  * 오트밀 반죽은 찰기가 생기므로 재빨리 작업한다.

3 오븐팬에 반죽을 올리고 물 묻힌 손으로 10×15cm(1.2cm 두께)의 평행사변형으로 다듬어 170℃의 오븐에서 25분간 굽는다.

4 한 김 식힌 후 1cm 폭으로 잘라 단면이 위로 가게 오븐팬에 늘어놓는다.(부서지기 쉬우므로 조심한다.) 150℃의 오븐에서 25분간 구운 후 팬째로 식힌다.

5 완전히 식으면 중탕으로 녹인 초콜릿(61쪽 참조)을 숟가락으로 떠서 절반 정도 입히고 상온에서 굳힌다.

오트밀은 귀리를 탈곡하여 납작하게 누른 것. 미국에서는 포리지*를 끓여 먹거나 쿠키 반죽에 섞기도 한다.

(* 포리지(porridge) : 오트밀 등의 곡류를 물이나 우유에 끓인 걸쭉한 죽)

오트밀은 푸드프로세서로 곱게 간다. 팬케이크나 케이크에 넣기도 하고, 쿠키 반죽을 할 때 박력분의 20%를 이것으로 대체하면 고소함과 식감이 업그레이드된다.

녹인 초콜릿은 숟가락으로 떠서 비스코티에 절반 정도 입히고 오븐시트에 놓아 상온에서 굳힌다.

3.

쌀가루와 말차 비스코티

【 재료 】 7cm 길이 25개 분량

A | 제과용 쌀가루 … 90g
　　말차 … 1큰술(6g)
　　베이킹파우더
　　　　… ⅓ 작은술
그래뉴당 … 50g

B | 계란 … 1개
　　식물성 오일 … 1큰술
　　물 … 1작은술
헤이즐넛(또는 아몬드)
　　… 30g

【 준비 】

- 헤이즐넛은 프라이팬에서 약불로 볶는다.
- 계란은 실온에 꺼내둔다.
- 팬에 오븐시트를 깐다.
- 오븐은 170℃로 예열한다.

멥쌀을 가루로 만든 제품. 입자가 고운 제과용을 선택한다. 종류에 따라 수분 흡수가 다르므로 상황에 따라 물을 더하자.

1　볼에 B를 넣고 거품기로 섞는다.
2　체에 친 A와 그래뉴당을 넣고 스크래퍼로 섞다가 가루기가 없어지면 헤이즐넛을 넣어 한 덩어리로 만든다.

　　＊ 반죽이 덩어리지지 않으면 물 몇 방울을 넣는다.

3　스크래퍼로 오븐팬에 반죽을 옮기고 물 묻힌 손으로 7×25cm(1.5cm 두께)의 긴 타원형으로 다듬어 170℃의 오븐에서 25분간 굽는다.

　　＊ 시간이 갈수록 찰기가 생기므로 재빨리 진행한다.

4　한 김 식힌 후 1cm 폭으로 잘라 단면이 위로 가게 오븐팬에 늘어놓는다. 150℃의 오븐에서 20분간 구운 후 팬째로 식힌다.

　　＊ 그래뉴당을 45g으로 줄이고 화이트초콜릿 드리즐(60쪽)로 대체하는 것도 좋다.

4.

스파이스와 크림치즈 안스코티

【 재료 】 7cm 길이 22개 분량

A | 박력분 … 90g
　　시나몬 파우더 … ½ 작은술
　　진저 파우더 … ¼ 작은술
　　클로브 파우더 … 두 자밤
　　베이킹파우더 … ⅓ 작은술

B | 계란 … 1개
　　벌꿀 … 40g
　　식물성 오일 … 20g
　　우유 … 2작은술
건포도 … 40g
호두 … 40g
크림치즈 … 30g

【 준비 】

- 호두는 프라이팬에서 약불로 볶아 건포도와 함께 잘게 다진다(푸드프로세서에 갈아도 OK).
- 크림치즈는 24cm 길이의 막대 모양으로 다듬어 랩에 싸서 냉장실에서 차갑게 만든다.
- 계란은 실온에 꺼내둔다.
- 팬에 오븐시트를 깐다.
- 오븐은 180℃로 예열한다.

1　볼에 B를 넣고 거품기로 섞는다.
2　체에 친 A를 넣고 스크래퍼로 섞다가 가루기가 남아 있을 때 건포도와 호두를 넣어 한 덩어리로 만든다.
3　반죽의 절반을 팬에 올리고 물 묻힌 손으로 25cm 길이로 늘인다. 그 위에 크림치즈를 올리고 남은 반죽을 같은 길이로 늘여서 겹친다〔ⓐ〕. 위아래의 반죽을 붙여서 치즈를 감싸고 7×27cm(1cm 두께)의 원통형으로 다듬어 180℃의 오븐에서 12분 정도 굽는다.

　　＊ 손에 달라붙으므로 재빨리 작업한다.

ⓐ

4　완전히 식으면 1.2cm 폭으로 자른다. 만든 당일 먹는 것이 맛있다.

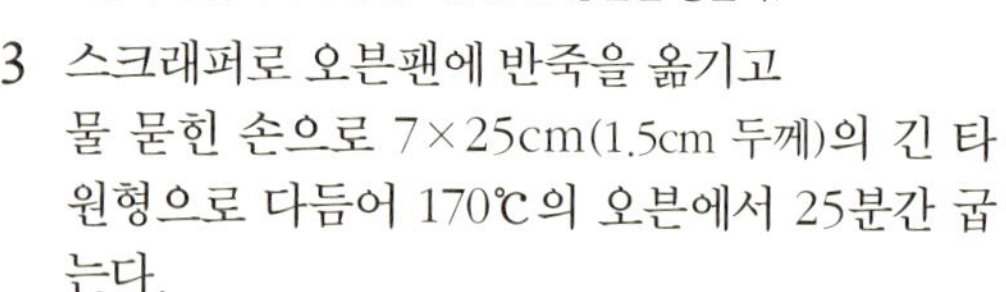

볼 하나에 재료를 하나씩 더해가며 섞으면 끝. 마음먹었을 때 바로 만들 수 있는 비스코티. 스크래퍼로 하는 반죽은 미국식 과자 만들기에 자주 등장합니다. 주물러 반죽하지 않고 자르듯 눌러 섞으므로 스크래퍼는 하나쯤 마련해두면 편리합니다.

볼

직경 23cm의 〈소리야나기〉 스테인 레스 제품을 사용한다. 이 정도 크기가 되어야 가루를 체 쳐 넣기 편하고, 깊이가 있고 둥글어 스크래퍼로 섞기에도 편하다. 무광 제품이라 상처가 나도 눈에 띄지 않는 점이 매력적이다.

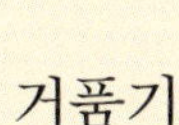

체

가루 재료를 체 칠 때 사용한다. 볼에 걸 수 있는 타입이 좋다. 구멍이 작은 소쿠리로 대체 가능하다. 이 책에서는 직경 16cm, 손잡이가 있는 것을 사용했다.

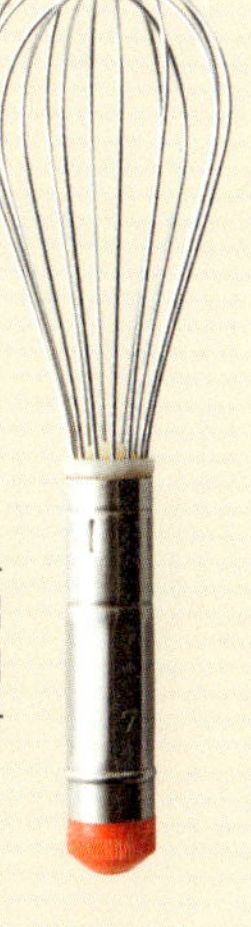

거품기

계란, 오일, 요구르트 등 액체 재료를 섞을 때 사용한다. 비스코티는 계란의 거품을 내지 않고 매끄럽게 섞기만 하면 되므로 드레싱용 작은 사이즈로도 충분하다.

스크래퍼

카드형 주걱. 가루 재료와 액체 재료를 섞거나 볼 주변에 붙은 반죽을 긁어모을 때 쓴다. 나는 너무 딱딱하지 않고 휨 정도가 적당한 프랑스 〈매트퍼(MATFER)〉 사 제품을 애용한다. 볼 바닥 사이즈에 맞추어 세로로 들고 쓰기도 한다.

전자저울

가루 재료, 설탕, 오일 등 재료의 양을 잴 때 쓴다. 베이킹에서는 계량이 중요하다. 정확히 재지 않으면 결과물이 달라지므로 바늘로 표시되는 아날로그 타입보다는 전자식을 추천한다.

오븐시트

글라스파이버 재질로, 여러 번 쓸 수 있는 〈매트퍼〉 사의 제품. 시트가 너무 크면 과자를 구울 때 펄럭여서 반죽을 건드릴 수 있으므로 15×30cm로 자른다. 비스코티를 잘라 두 번째 구울 때는 시트를 깔지 않아도 된다.

톱칼

한 번 구운 비스코티 반죽을 자를 때 쓴다. 빵용 톱칼로, 톱을 쓸 때처럼 앞뒤로 움직여가면서 자른다. 나는 〈선크래프트〉 사 제품을 애용한다. 비스코티는 얇게 써는 것이 중요하므로 꼭 하나 장만하시길.

가루 재료를 중심으로 설탕, 계란, 오일, 너트류 등 단순한 재료를 조합해 만드는 비스코티. 제가 사용하는 제품과 재료 선정 시의 포인트 등을 소개합니다.

박력분

바삭바삭하고 묵직한 식감의 제과용 박력분 〈쿠헨〉을 추천한다. 밀의 겉껍질에 가까운 부분까지 갈아서 맛있고, 중력분에 가까운 미국식 밀가루와 비슷한 느낌의 쿠키가 나온다.

베이킹소다

일본에서는 예전부터 도라야키나 찐빵에 쓰이던 팽창제. 비스코티에 소박한 식감과 풍미를 더해준다. 가루가 뭉쳐 있으면 쿠키에 얼룩이 생기거나 쓴맛이 나므로 체 칠 때 잘 섞어야 한다.

베이킹파우더

알루미늄(명반)이 들어있지 않은 〈럼포드〉 사의 제품을 사용한다. 만약 베이킹소다가 없어서 베이킹파우더로 대체한다면 레시피의 2배로 증량한다.

옥수수전분

콘스타치. 요구르트 등을 넣어 점성이 생기는 반죽에 소량 첨가하면 아삭하고 가벼운 식감이 된다. 동량의 녹말로도 대체 가능하다.

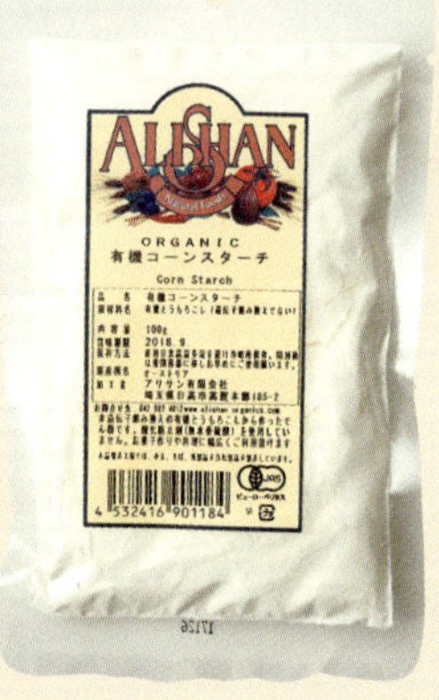

설탕

색을 예쁘게 내거나 레몬 등으로 향을 내지 않을 때는 그래뉴당을 쓴다. 수수설탕은 건과일이 들어가는 반죽에 어울린다. 초코칩 쿠키나 오트밀 쿠키에 넣는 황설탕은 맛이 깊어서 피넛버터 반죽 등 미국풍 맛을 낼 때 쓴다.

계란

M사이즈를 사용. 껍질을 깼을 때 50g(노른자 20g+흰자 30g)이 적당량이다. M사이즈보다 작은 것을 쓰면 반죽이 잘 덩어리지지 않으므로 물을 조금 더한다.

오일

간식 비스코티는 무색투명하고 향이 두드러지지 않는 다이하쿠 참기름을 추천한다. 또는 코코넛오일, 무염버터를 녹여 쓰기도 한다. 안주 비스코티에는 엑스트라버진 올리브 오일을 써서 향을 돋운다.

소금

안주 비스코티에 조금 넣어 맛을 끌어낸다. 내 경우 약간 굵고 감칠맛이 있는 〈게랑드 소금(과립)〉을 쓴다. 정제소금은 짠맛이 강하므로 분량을 한 자밤만큼 줄인다.

요구르트

무당 플레인 타입. 수분이 많고 부드러운 것보다 다소 단단한 타입을 추천한다. 계란을 넣지 않는 반죽에 요구르트를 넣으면 맛이 깊어지고 반죽이 더 잘 부푼다. 저지방 타입은 피하자.

우유

저지방유나 무지방유처럼 성분을 조절한 우유는 피한다. 계란을 넣지 않는 반죽에 요구르트와 함께 쓸 때는 반죽이 느슨해지지 않도록 실온에 꺼내놓았다가 쓴다.

초콜릿

다져서 반죽에 섞을 때는 자기가 좋아하는 판 초콜릿을 쓴다. 녹여서 쓸 때는 비터, 화이트 둘 다 제과용을 고른다. 비터 초콜릿은 카카오 60%인 것을 추천한다. 녹일 때 온도 조절(61쪽)을 해야 표면에 흰 반점이 생기지 않고 잘 굳는다.

너트류

약불의 프라이팬에서 볶거나 160℃(잣은 150℃)의 오븐에서 8~10분간 구워서 쓴다. 구워서 나온 제품은 볶을 필요가 없다. 산화하기 쉬우므로 구입 후 한꺼번에 볶아 냉동해두고 쓰기를 추천한다.

건과일

건포도(사진 왼쪽 아래) 등의 건과일은 타기 쉬우므로 잘게 다져서 반죽에 넣는다. 건크랜베리는 4등분해서 파는 것을 사서 다지지 않고 그대로 쓴다. 개봉 후에는 냉장실이나 냉동실에 보관한다.

그냥 구워내기만 해도 충분히 맛있지만 미국에서는 초콜릿을 뿌린 것도 인기 있습니다. 이 책에서 소개한 간식용 비스코티는 모두 초콜릿과 잘 어울립니다. 선물용이라면 초콜릿으로 단장을 해보세요. 그냥 집에서 즐길 때는 신선한 크림을 꼭 곁들여보시길.

초콜릿은 정확한 온도로 녹여야 굳었을 때 반들반들 윤이 난다. 너트와 잘 어울린다.

초콜릿 & 너트

【 재료 】 약 12개 분량
제과용 초콜릿(비터) ··· 80g
아몬드(홀)* ··· 적당량

* 약불의 프라이팬에서 볶아 거칠게 다진다.

1 초콜릿은 오른쪽 페이지의 〈초콜릿 녹이는 법〉을 참고하여 녹이고, 숟가락으로 떠서 비스코티의 절반 정도에 입힌다. 그 위에 아몬드를 뿌리고 상온에서 굳힌다.
〔 바나나와 양귀비 씨 비스코티 〕

화이트초콜릿과 새콤달콤한 라즈베리. 레드와 화이트의 대비가 상큼하다.

화이트초콜릿 & 냉동건조 과일

【 재료 】 약 12개 분량
제과용 화이트초콜릿 ··· 80g
냉동건조 라즈베리(또는 딸기) ··· 적당량

1 화이트초콜릿은 오른쪽 페이지의 〈초콜릿 녹이는 법〉을 참고하여 녹인다(온도는 45℃→26℃→29℃ 의 순서로). 비스코티가 식으면 숟가락으로 떠서 절반 정도에 입히고, 거칠게 다진 라즈베리를 뿌려서 굳힌다.
〔 얼그레이 비스코티 〕

드리즐이란 가느다란 선 모양으로 뿌리는 것을 말한다. 비터 초콜릿으로 만들어도 좋다.

화이트초콜릿 드리즐

【 재료 】 약 18개 분량
제과용 화이트초콜릿 ··· 80g

1 화이트초콜릿은 오른쪽 페이지의 〈초콜릿 녹이는 법〉을 참고하여 녹인다(온도는 45℃→26℃→29℃ 의 순서로). 비스코티가 식으면 숟가락을 이용해 선 모양으로 뿌리고 상온에서 굳힌다.
〔 레몬 아니스 비스코티 〕

◎ 초콜릿 녹이는 법

작은 냄비에 물을 끓여서 불을 끄고, 잘게 다진 초콜릿을 볼에 담아 냄비 위에 올린다(볼 바닥이 물에 닿지 않아도 된다). 내열 주걱으로 저어가며 녹인다. 온도계를 꽂아 53℃가 되면 냄비에서 꺼낸다.

볼 바닥을 냉수에 대고 주걱으로 저어서 29℃로 식힌다(물이 들어가지 않도록 주의한다). 그리고 다시 중탕 냄비 위에서 섞어서 온도가 31℃까지 올라가면 완성.

물기를 뺀 요구르트를 베이스로 한
새콤하고 상큼한 크림

파인애플 크림

【 재료 】 약 20개 분량
플레인 요구르트 … 200g*
벌꿀 … 1큰술
파인애플(통조림) … 1½장
* 하룻밤 동안 물기를 빼 100g으로 만든다.

키친타월을 깐 체 위에 요구르트를 붓고 아래에 볼을 받쳐 냉장실에서 하룻밤(6~8시간) 두어 물기를 뺀다. 100g이 되면 OK.

1 작은 볼에 물기를 뺀 요구르트와 벌꿀을 담고 숟가락으로 섞다가 잘게 다진 파인애플을 넣어서 골고루 섞는다.

* 냉장실에 보관하며, 만든 다음 날까지 보존 가능.
〔 레몬 비스코티 〕

크림치즈에 레몬즙과 껍질을 더하여
살짝 치즈케이크 풍의 맛이 난다.

레몬치즈 크림

【 재료 】 약 10개 분량
크림치즈 … 40g
벌꿀 … 1½작은술
레몬즙 … 1작은술
레몬껍질 간 것
　(왁스칠하지 않은 레몬 사용)
　… 작은 것 ⅓개 분량

1 작은 볼에 크림치즈를 담고 숟가락으로 부드럽게 으깨며 벌꿀, 레몬즙 순서로 조금씩 섞고 레몬 껍질을 넣는다. 다 식은 비스코티에 숟가락으로 바르고 레몬 껍질(분량 외)을 뿌려 장식한다.

* 냉장실에 보관하며, 만든 다음 날까지 보존 가능.
〔 바나나와 양귀비 씨 비스코티 〕

성인 취향의 향이 강한 크림.
살짝 쓴 커피에 럼주를 듬뿍 넣는다.

커피 크림

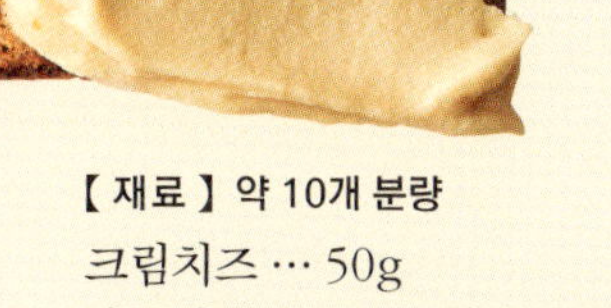

【 재료 】 약 10개 분량
크림치즈 … 50g
가루설탕(슈가 파우더) … 20g
A │ 인스턴트커피 … ¼작은술
　│ 럼주 … 1½작은술

1 작은 볼에 크림치즈를 담고 숟가락으로 부드럽게 으깨어 설탕, 혼합한 A를 조금씩 넣어가며 섞는다.

* 냉장실에 보관하며, 만든 다음 날까지 보존 가능.
〔 피넛버터 비스코티 〕

설탕과 향신료를 뿌려 오븐 토스터로 구우면 바삭바삭한 식감이 즐거운 러스크 풍 간식으로 순식간에 변신. 딥 소스는 미국식 간단한 식사에 자주 등장합니다. 전채요리나 안주로도 활약합니다.

시나몬 슈거를 듬뿍 뿌려 구우면 끝.
계란 흰자가 풀 역할을 한다.

시나몬 슈거

【 재료 】 약 10개 분량

A│ 시나몬 파우더 … 1작은술
　│ 그래뉴당 … 2작은술
계란 흰자 … ½개 분량

1 비스코티의 표면에 솔로 계란 흰자를 바르고 혼합한 A를 뿌려서 예열한 오븐 토스터로 3~5분간 굽는다.

＊또는 180℃의 오븐에서 4분간 구워도 좋다.
〔 레몬 비스코티 〕

아니스 씨의 상쾌함이 악센트가 된다.
노릇하게 구워 달콤한 향이 나면 완성이다.

아니스 슈거

【 재료 】 약 10개 분량

A│ 아니스 씨 … 2작은술
　│ 그래뉴당 … 2작은술
계란 흰자 … ½개 분량

1 비스코티의 표면에 솔로 계란 흰자를 바르고 혼합한 A를 뿌려서 예열한 오븐 토스터로 3~5분간 굽는다.
〔 레몬 비스코티 〕

토스터에 구우면 아몬드의 고소함과
치즈의 풍미가 한층 깊어진다.

아몬드 & 치즈

【 재료 】 약 10개 분량

A│ 슬라이스 아몬드＊ … 2작은술
　│ 가루 치즈 … 2작은술
　│ 말린 파슬리 … 1작은술
　│ 흑후추(거칠게 간 것) … ¼작은술
계란 흰자 … ½개 분량

＊약불의 프라이팬에서 볶아 거칠게 다진다.

1 비스코티의 표면에 솔로 계란 흰자를 바르고 혼합한 A를 뿌려서 예열한 오븐 토스터로 3~5분간 굽는다.
〔 전립분 로즈메리 비스코티 〕

크림치즈와 요구르트의 산미 뒤에
마늘의 향이 가득 퍼진다.

치즈 갈릭 딥

【 재료 】 약 12개 분량

크림치즈 … 50g
플레인 요구르트 … 2작은술
말린 파슬리 … 1/2 작은술
A│ 소금, 갈릭 파우더
　　 … 각각 두 자밤

1 작은 볼에 크림치즈를 담고 숟가락으로 부드럽게 으깬 후 파슬리, 요구르트(조금씩)의 순서로 섞는다. 맛을 봐가면서 A를 더한다.

＊ 냉장실에 보관하며, 만든 다음 날까지 보존 가능.
〔 옥수수 비스코티 〕

아보카도에 마요네즈와 레몬을 더했다.
감칠맛에 새콤함이 더해진 인기 딥 소스

아보카도 딥

【 재료 】 약 12개 분량

아보카도 … 1개
마요네즈 … 1큰술
A│ 레몬즙(또는 라임즙) … 1작은술
　　 소금, 칠리 파우더 … 각각 한 자밤

1 아보카도는 세로로 반을 갈라 씨와 껍질을 제거하고 볼에 담아 포크로 으깬다. 마요네즈를 섞고 간을 보면서 A를 더한다.

＊ 랩을 씌워 냉장실에 보관하고, 변색되므로 만든 날 다 먹는다.
〔 베이컨 체더치즈 비스코티 〕

【 재료 】 약 30개 분량

삶은 병아리콩(통조림에서 물기를 뺀 것)
　　 … 1캔(고형량 250g)
액상 참깨소스(네리고마) … 60g
마늘 … 1쪽
레몬즙, 물 … 각 35ml
올리브오일 … 1큰술
소금 … 1/3 작은술
커민 파우더 … 1/2 작은술
코리앤더(고수) 파우더 … 1/4 작은술

1 푸드프로세서로 모든 재료를 섞어 페이스트로 만든다. 비스코티 위에 발라 말린 파슬리(분량 외)를 뿌린다.

＊ 냉장실에 보관하며, 만든 다음 날까지 보존 가능.
＊ 남으면 샌드위치에 활용하거나 채소 스틱, 크래커 등에 발라 먹는다.
〔 쪽파 치즈 비스코티 〕

건강하고 맛있는 병아리콩 페이스트.
푸드프로세서로 한꺼번에 섞으면 완성

후무스

비스코티 사이에 아이스크림을 넣거나 잘게 부수어 아이스크림에 섞으면 늘 먹던 비스코티가 새로운 간식으로 변신합니다. 안주 비스코티는 토마토를 올려 카나페처럼 먹어보세요. 바삭한 식감이 일품입니다.

냉동실에서 굳히지 않고 바로 먹어도 맛있다.
오일이 들어간 것, 얇게 자른 비스코티에 어울린다.

아이스크림 샌드

【 재료 】 3세트 분량
먹고 싶은 간식 비스코티 … 6개
초코 크런치(또는 민트 초코) 아이스크림
… 작은 것 1개(120ml)

1 숟가락으로 아이스크림을 부드럽게 으깨어 열기를 식힌 비스코티 2개 사이에 바르고, 랩으로 싸서 냉동실에서 1시간 이상 굳힌다.
〔 커피 비스코티 〕

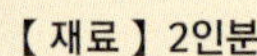

비스코티를 자를 때 생기는 끝부분도
아이스크림에 섞으면 훌륭한 간식이 된다.

크럼 아이스크림

【 재료 】 2인분
먹고 싶은 간식 비스코티 … 1개
바닐라 아이스크림 … 1개(200ml)

1 작은 볼에 아이스크림을 담고 숟가락으로 부드럽게 으깬다. 1.5cm 크기로 부순 비스코티를 섞고 냉동실에서 1시간 이상 두어 굳힌다.
〔 얼그레이 비스코티 〕

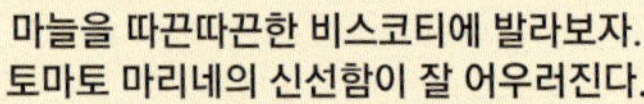

마늘을 따끈따끈한 비스코티에 발라보자.
토마토 마리네의 신선함이 잘 어우러진다.

브루스케타

【 재료 】 8개 분량
먹고 싶은 안주 비스코티 … 8개
마늘 … 1/2 쪽
A│토마토 … 큰 것 1개*
　│올리브오일 … 1큰술
　│벌꿀 … 1작은술
　│소금, 후추 … 각각 조금씩

* 껍질과 씨를 제거하고 가로세로 2cm 크기로 자른다.

1 갓 구운 비스코티에 마늘의 단면을 문지르고 혼합한 A를 올린다. 말린 바질(분량 외)을 뿌린다.
〔 치즈 아몬드 비스코티 〕

* 블루치즈와 말린 무화과를 올리거나, 크림치즈를 발라 말린 바질을 뿌려도 맛있다.

Savory Biscotti

안주 비스코티

만드는 법은 70쪽에 →

BASIC

1

오일을 넣지 않은
기본적인 비스코티

(치즈와 아몬드)

미국에서는 달지 않고 짭짤한 비스코티도 인기 있습니다.
크래커 같은 감각으로 수프나 샐러드에 곁들이기도 합니다.
만드는 법은 기본적으로 간식 비스코티와 동일합니다.
얇게 자르고 바삭하게 구우면 짠맛이 두드러집니다.
여기서는 소금을 넣지 않고 치즈의 짠맛으로 완성합니다.

1.

green onion & Parmesan

쪽파 치즈
비스코티

안주 비스코티는 향신료나 치즈 외에도
여러 가지 향의 재료를 더해서 만듭니다.
미국식 짭짤한 과자에 자주 쓰이는 그린 어니언이 대표적인 예입니다.
그린 어니언을 구하기 어려우면 잘게 썬 쪽파가 쓰기 좋습니다.

만드는 법은 71쪽에 →

전립분과 호두로 고소함을 끌어올리고
로즈메리로 청량감을 더했습니다.
소금과 후추의 양은 처음에는 그대로, 두 번째부터 가감하세요.
설탕을 아주 조금 더하면 반죽의 감칠맛이 살아납니다.

만드는 법은 72쪽에 →

다소 넉넉한 양의 기름에 볶은 양파의 감칠맛은
과자와 잘 어울립니다. 반죽을 구우면
양파 본연의 맛이 살아나지만, 타기 쉬우므로 주의합니다.
취향에 따라 크림치즈를 발라도 잘 어울립니다.

만드는 법은 72쪽에 →

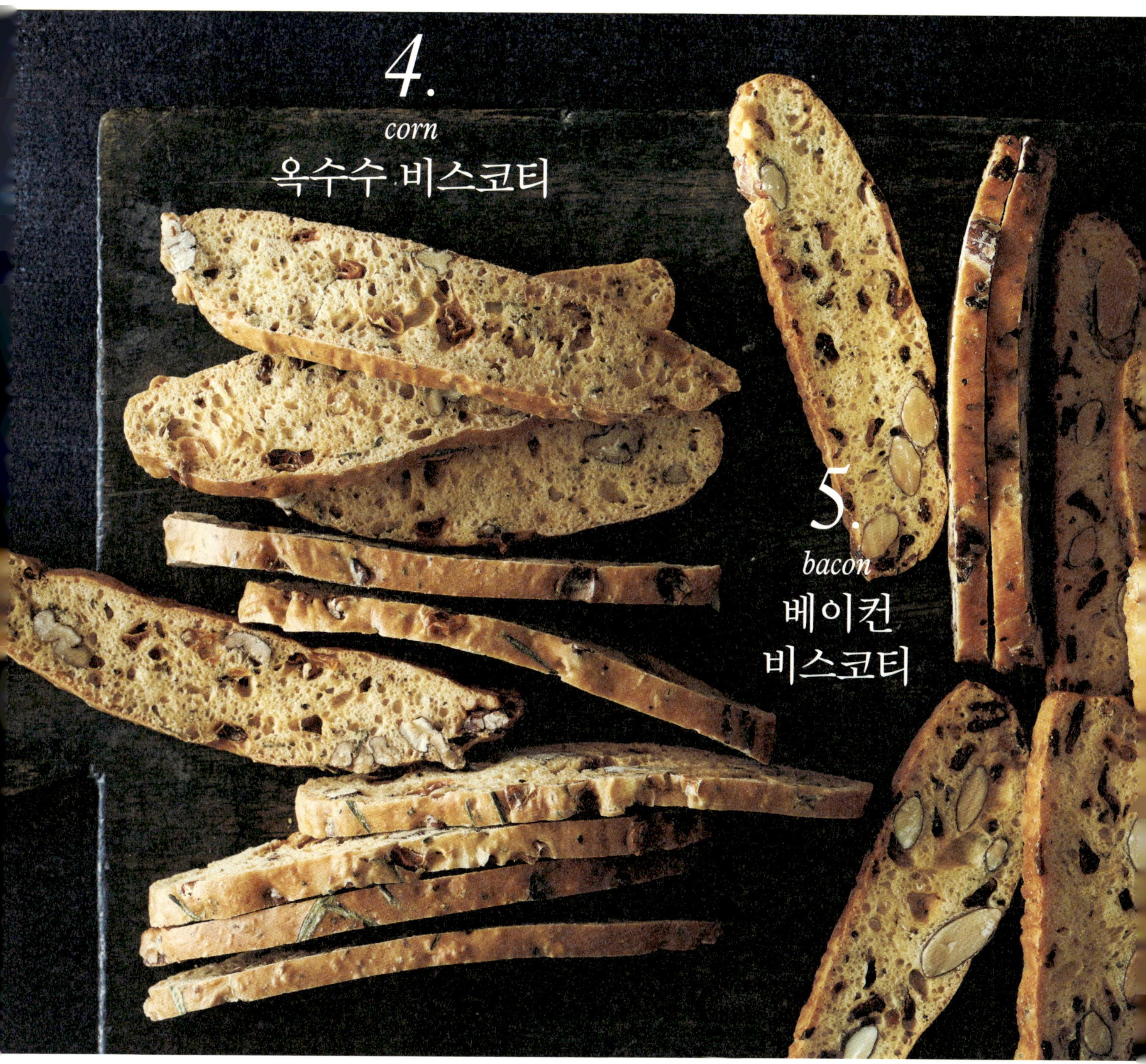

전립분 대신 동일한 양의 콘밀(옥수수 가루)을
사용하면 옥수수 향이 한층 풍부해집니다.
옥수수는 냉동 제품을 추천합니다.
로즈메리로 산뜻한 향을 더했습니다.

만드는 법은 73쪽에 →

개척시대부터 북미의 식탁을 지탱해온 베이컨.
베이컨을 곁들이면 무엇이든 맛있다는 말이 있을 만큼
사랑받는 음식입니다. 볶아서 기름을
살짝 남기고 반죽에 넣으면 정말 맛있습니다.

만드는 법은 73쪽에 →

1 오일을 넣지 않은 기본적인 비스코티

(치즈와 아몬드)

【 재료 】 12cm 길이 15개 분량

A | 박력분 … 100g
  | 베이킹파우더 … 1/3 작은술
그래뉴당 … 1/2 작은술
거칠게 간 흑후추 … 1/2 작은술
B | 계란 … 1개
  | 물 … 1작은술
파르메산 치즈(간 것) … 40g
아몬드(홀) … 50g

【 준비 】

- 아몬드는 프라이팬에서 약불로 볶는다.
- 계란은 실온에 꺼내둔다.
- 팬에 오븐시트를 깐다.
- 오븐은 170℃로 예열한다.

1 볼에 **B**를 넣고 거품기로 풀어준다.

2 체에 친 **A**, 그래뉴당, 흑후추, 치즈를 넣고 스크래퍼로 섞다가 가루기가 남아있을 때 아몬드를 넣어 손으로 반죽 속에 꾹꾹 눌러 넣으며 12cm 길이로 다듬는다.

★ 반죽이 퍽퍽하면 물 몇 방울을 넣는다.

3 오븐팬에 반죽을 올리고 물 묻힌 손으로 12×12cm (1.5cm 두께)의 평행사변형으로 다듬어 표면을 평평하게 만든다. 170℃의 오븐에서 25분간 굽고 식힘망에 올려 식힌다.

4 한 김 식힌 후 8mm 폭으로 잘라 단면이 위로 가게 오븐팬에 늘어놓는다. 150℃의 오븐에서 20분간 구운 후 팬째로 식힌다.

★ 굽는 도중 색이 진해지면 140℃로 낮춘다.
★ 10분 굽고 뒤집어서 다시 구우면 골고루 건조된다.

memo --
• 소금기가 부족하면 설탕을 넣을 때 소금 한 자밤을 같이 넣는다.

파르메산 치즈(파르미지아노 레지아노)는 이탈리아의 대표적인 치즈. 갈아서 쓰면 감칠맛이 가득 느껴진다. 가루 치즈로 대용할 수 있다.

가루 재료를 섞을 때는 볼 가장자리를 긁어모아서 자르듯 누르며 섞는다. 가루기가 남아있을 때 아몬드를 넣고, 스크래퍼로 아몬드를 누르며 반죽에 섞는다.

손으로 아몬드를 눌러가며 한 덩어리로 만든 후 오븐팬에 올린다. 물 묻힌 손으로 12×12 cm의 평행사변형으로 다듬어 표면을 평평하게 한다(9쪽 참조).

1.

쪽파 치즈 비스코티

【 재료 】 12cm 길이 15개 분량

A | 박력분 … 100g
　　 베이킹파우더 … 1/3 작은술
거칠게 간 흑후추… 1/2 작은술
B | 계란 … 1개
　　 물 … 1작은술
쪽파(잘게 썬 것) … 6줄기
파르메산 치즈(간 것) … 40g
호두 … 40g

【 준비 】

- 호두는 프라이팬에서 약불로 볶는다.
- 계란은 실온에 꺼내둔다.
- 팬에 오븐시트를 깐다.
- 오븐은 170℃로 예열한다.

1　볼에 **B**를 넣고 거품기로 풀어준다
2　체에 친 **A**, 흑후추, 치즈를 넣고 스크래퍼로 섞다가 가루기가 남아있을 때 쪽파, 호두를 넣어 한 덩어리로 만든다.
3　오븐팬에 반죽을 올리고 물 묻힌 손으로 12×12cm (1.5cm 두께)의 평행사변형으로 다듬어 170℃의 오븐에서 10분, 160℃로 낮추어 15분간 굽는다.
4　한 김 식힌 후 8mm 폭으로 잘라 단면이 위로 가게 오븐팬에 늘어놓는다. 140℃의 오븐에서 25분간 구운 후 팬째로 식힌다.

＊ 타기 쉬우므로 주의한다.

가루 재료, 흑후추, 치즈를 넣고 스크래퍼로 섞다가 가루기가 남아있을 때 쪽파, 호두를 넣고 섞는다.

스크래퍼로 눌러가며 호두가 으깨지지 않도록 섞는 것이 비결. 반죽이 퍽퍽하면 물 몇 방울을 넣는다.

2.

전립분과 로즈메리 비스코티

【 재료 】 12cm 길이 15개 분량

A | 전립분(박력분 타입) ··· 50g
  | 박력분 ··· 50g
  | 베이킹파우더 ··· 1/3 작은술

B | 소금 ··· 1/4 작은술
  | 그래뉴당 ··· 1/2 작은술
  | 거칠게 간 흑후추 ··· 1/2 작은술

C | 계란 ··· 1개
  | 물 ··· 1작은술

생 로즈메리 ··· 1줄기*
호두 ··· 60g

* 또는 말린 것 2작은술

【 준비 】
- 호두는 프라이팬에서 약불로 볶는다.
- 계란은 실온에 꺼내둔다.
- 팬에 오븐시트를 깐다.
- 오븐은 170℃ 로 예열한다.

항균 · 항산화 작용이 있어 고기 요리에 널리 쓰이는 로즈메리. 비스코티와도 잘 어울려서 상쾌한 향이 악센트가 된다.

1 볼에 C를 넣고 거품기로 풀어준다.
2 체에 친 **A**, **B**, 잘게 찢은 로즈메리 잎을 넣어 스크래퍼로 섞다가 가루기가 남아있을 때 호두를 넣어 한 덩어리로 만든다.
3 오븐팬에 반죽을 올리고 물 묻힌 손으로 12×12cm (1.5cm 두께)의 긴 타원형으로 다듬어 170℃의 오븐에서 25분간 굽는다.
4 한 김 식힌 후 8mm 폭으로 잘라 단면이 위로 가게 오븐팬에 늘어놓는다. 150℃의 오븐에서 25분간 구운 후 팬째로 식힌다.

3.

전립분과 양파 비스코티

【 재료 】 10cm 길이 15개 분량

A | 전립분(박력분 타입) ··· 50g
  | 박력분 ··· 50g
  | 베이킹파우더 ··· 1/3 작은술

B | 소금 ··· 1/4 작은술
  | 거칠게 간 흑후추 ··· 1/2 작은술
  | 캐러웨이 씨 ··· 1/2 작은술

C | 계란 ··· 1개
  | 물 ··· 1작은술

다진 양파 ··· 작은 것 1/3 개
크림치즈(마무리용) ··· 적당량

【 준비 】
- 양파는 참기름 2작은술(분량 외)을 달군 프라이팬에서 나긋해질 때까지 볶아서 식힌다〔ⓐ〕.
- 계란은 실온에 꺼내둔다.
- 팬에 오븐시트를 깐다.
- 오븐은 170℃ 로 예열한다.

상쾌하고 달콤한 향이 특징인 캐러웨이 씨는 소다 브레드, 호밀빵, 쿠키의 향을 내는 데 쓰인다. 사워크라우트 등 요리에도 쓰인다.

1 볼에 C를 넣고 거품기로 풀어준다.
2 체에 친 **A**, **B**를 넣어 스크래퍼로 섞다가 가루기가 남아있을 때 양파를 넣어 한 덩어리로 만든다.
3 오븐팬에 반죽을 올리고 물 묻힌 손으로 10×12cm(1.5cm 두께)의 평행사변형으로 다듬어 170℃의 오븐에서 10분, 160℃로 낮추어 15분간 굽는다.
4 한 김 식힌 후 8mm 폭으로 잘라 단면이 위로 가게 오븐팬에 늘어놓는다. 140℃ 의 오븐에서 25분간 구운 후 팬째로 식힌다. 취향에 따라 크림치즈를 곁들인다.

* 타기 쉬우므로 주의한다.

ⓐ

4.

옥수수 비스코티

【 재료 】 12cm 길이 15개 분량

A │ 박력분 … 70g
　 │ 전립분(박력분 타입) … 30g
　 │ 베이킹파우더 … 1/3 작은술

B │ 소금 … 1/4 작은술
　 │ 그래뉴당 … 1/2 작은술
　 │ 거칠게 간 흑후추 … 1/2 작은술

C │ 계란 … 1개
　 │ 플레인 요구르트 … 15g

옥수수(냉동) … 30g
피칸(또는 호두) … 30g
생 로즈메리 … 1줄기*

* 또는 말린 것 2작은술

냉동 옥수수는 신선한 옥수수를 급속 냉동했기 때문에 생옥수수에 가까운 풍미가 있다. 통조림은 물러질 수 있으므로 피한다.

【 준비 】

● 피칸은 프라이팬에서 약불로 볶는다.
● 계란과 요구르트는 실온에 꺼내둔다.
● 팬에 오븐시트를 깐다.
● 오븐은 170℃로 예열한다.

1　볼에 C를 넣고 거품기로 섞는다.
2　체에 친 A, B, 잘게 찢은 로즈메리 잎을 넣어 스크래퍼로 섞다가 가루기가 남아있을 때 옥수수(냉동 상태 그대로), 피칸을 넣어 한 덩어리로 만든다.
3　오븐팬에 반죽을 올리고 물 묻힌 손으로 12×12cm (1.5cm 두께)의 평행사변형으로 다듬어 170℃의 오븐에서 10분, 160℃로 낮추어 15분간 굽는다.
4　한 김 식힌 후 8mm 폭으로 잘라 단면이 위로 가게 오븐팬에 늘어놓는다. 140℃의 오븐에서 25분간 구운 후 팬째로 식힌다.

5.

베이컨 비스코티

【 재료 】 10cm 길이 18개 분량

A │ 박력분 … 100g
　 │ 베이킹파우더 … 1/3 작은술

B │ 소금 … 1/4 작은술
　 │ 그래뉴당 … 1/2 작은술
　 │ 거칠게 간 흑후추 … 1/2 작은술

C │ 계란 … 1개
　 │ 플레인 요구르트 … 10g

베이컨(7~8mm 크기로 자른 것) … 2장(40g)
아몬드(홀) … 50g

【 준비 】

● 베이컨은 기름을 두르지 않은 팬에 바삭하게 볶아서 키친타월 위에 올려 기름을 빼고 식힌다〔ⓐ〕.
● 아몬드는 프라이팬에서 약불로 볶는다.
● 계란과 요구르트는 실온에 꺼내둔다.
● 팬에 오븐시트를 깐다.
● 오븐은 170℃로 예열한다.

1　볼에 C를 넣고 거품기로 섞는다.
2　체에 친 A, B를 넣고 스크래퍼로 섞다가 가루기가 남아있을 때 베이컨, 아몬드를 넣어 섞고 한 덩어리로 만든다.
3　오븐팬에 반죽을 올리고 물 묻힌 손으로 10×15cm (1.5cm 두께)의 평행사변형으로 다듬어 170℃의 오븐에서 25분간 굽는다.
4　한 김 식힌 후 8mm 폭으로 잘라 단면이 위로 가게 오븐팬에 늘어놓는다. 150℃의 오븐에서 20~25분간 구운 후 팬째로 식힌다.

2 오일을 넣은
기본적인 비스코티
(소시지와 말린 바질)

오일이 들어간 비스코티는
포슬포슬 가벼우면서도 맛이 깊습니다.
소시지는 덩어리가 크면 잘 건조되지 않으므로
잘게 다져서 반죽에 섞는 것이 포인트.
소시지의 감칠맛이 살아나도록 바삭하게 구워냅니다.

만드는 법은 80쪽에 →

감칠맛 도는 블랙 올리브를 통째로 넣어
단면 모양이 재미있는 비스코티. 올리브의 형태를 남기지 않고
잘게 다져 반죽 전체에 섞어도 맛있습니다.
촉촉한 올리브와 너트의 식감 차가 즐겁습니다.

만드는 법은 80쪽에 →

2.
mushroom
버섯 비스코티

3.
bacon & Cheddar
베이컨 체더치즈
비스코티

치즈와 너트가 고소한 비스코티에
볶은 잎새버섯을 넣어 풍미를 더했습니다.
양송이로 대체해도 좋습니다.
잘 구워진 비스코티에서 버섯의 감칠맛이 살아납니다.

만드는 법은 81쪽에 →

가루 재료에 버터를 갈아 넣은 반죽에
농후한 맛의 체더치즈와 베이컨을 더했습니다.
이 책에서 가장 맛이 풍부한 레시피로,
맥주와 가장 잘 어울리는 비스코티입니다.

만드는 법은 81쪽에 →

4.
sesame seed
참깨
비스코티

흰깨 페이스트와 볶은 깨를 듬뿍 넣은 진한 맛의 비스코티.
은근하게 달아서 간식과 안주의 중간쯤 되는 맛입니다.
계란 흰자를 풀처럼 사용해서
흰깨를 비스코티 전체에 발랐습니다.

만드는 법은 82쪽에 →

코를 뚫고 들어오는 향과 산미가 매력적인 고르곤졸라에
그와 잘 어울리는 말린 무화과와 호두를 조합했습니다.
사과주 '하드 사이다'나 와인과 어울리는 성인을 위한 맛.
블루치즈는 조금 크게 찢어 넣는 것이 포인트.

만드는 법은 82쪽에 →

미국에서는 케이크나 비스킷을 구울 때
계란과 기름 대신 마요네즈를 쓰기도 합니다.
향은 남지 않으면서 순하고 부드러운 풍미가 됩니다.
알알이 박힌 너트의 식감과 잘 어울립니다.

만드는 법은 83쪽에 →

계란 대신 마요네즈로 반죽하고
쪽파와 고소한 깨를 더했습니다.
타기 쉬우므로 저온에서 천천히 구워냅니다.
딥 소스와도 잘 어울리는 비스코티.

만드는 법은 83쪽에 →

BASIC

2. 오일을 넣은 기본적인 비스코티
(소시지와 말린 바질)

1.

올리브 비스코티

【 재료 】 10cm 길이 18개 분량

A | 박력분 … 100g
　　 | 베이킹파우더 … ⅓ 작은술
소금 … 한 자밤
그래뉴당 … ½ 작은술
B | 계란 … 1개
　　 | 올리브오일 … 20g
　　 | 물 … 1작은술
소시지 … 3개(50g)
말린 바질 … 2작은술
호두 … 20g

ⓐ

【 준비 】

- 소시지는 끓는 물에 데친 후 잘게 다진다〔ⓐ〕.
- 호두는 프라이팬에서 약불로 볶아 거칠게 다진다.
- 계란은 실온에 꺼내둔다.
- 팬에 오븐시트를 깐다.
- 오븐은 170℃로 예열한다.

1 볼에 **B**를 넣고 거품기로 섞는다.
2 체에 친 **A**, 소금, 그래뉴당, 바질을 넣고 스크래퍼로 섞다가 가루기가 남아있을 때 소시지와 호두를 넣어 한 덩어리로 만든다.
　★ 반죽이 퍽퍽하면 물 몇 방울을 넣는다.
3 오븐팬에 반죽을 올리고 물 묻힌 손으로 10×15cm (1.5cm 두께)의 평행사변형으로 다듬어 170℃의 오븐에서 25분간 굽는다.
4 한 김 식힌 후 8mm 폭으로 잘라 단면이 위로 가게 오븐팬에 늘어놓는다. 150℃의 오븐에서 25분간 구운 후 팬째로 식힌다.

【 재료 】 12cm 길이 15개 분량

A | 박력분 … 100g
　　 | 베이킹파우더 … ⅓ 작은술
소금 … 한 자밤
거칠게 간 흑후추 … ½ 작은술
B | 계란 … 1개
　　 | 올리브오일 … 20g
　　 | 물 … 1작은술
블랙올리브(씨와 물기 제거한 것) … 40g
캐슈너트 … 20g

【 준비 】

- 캐슈너트는 프라이팬에서 약불로 볶아 거칠게 다진다.
- 계란은 실온에 꺼내둔다.
- 팬에 오븐시트를 깐다.
- 오븐은 170℃로 예열한다.

주로 지중해에 접한 나라에서 자라는 올리브는 피자, 샐러드 등의 재료로 인기 있다. 베이킹 재료로 쓰면 그 감칠맛이 포인트가 된다.

1 볼에 **B**를 넣고 거품기로 섞는다.
2 체에 친 **A**, 소금, 흑후추를 넣고 스크래퍼로 섞다가 가루기가 남아있을 때 올리브, 캐슈너트를 넣어 한 덩어리로 만든다.
3 오븐팬에 반죽을 올리고 물 묻힌 손으로 12×12cm (1.5cm 두께)의 평행사변형으로 다듬어 170℃의 오븐에서 25분간 굽는다.
4 한 김 식힌 후 8mm 폭으로 잘라 단면이 위로 가게 오븐팬에 늘어놓는다. 150℃의 오븐에서 25분간 구운 후 팬째로 식힌다.

2.

버섯 비스코티

【 재료 】8cm 길이 22개 분량

A │ 전립분(박력분 타입) … 50g
  │ 박력분 … 50g
  │ 베이킹파우더 … $1/3$ 작은술
거칠게 간 흑후추 … $1/2$ 작은술
B │ 계란 … 1개
  │ 올리브오일 … 20g
  │ 플레인 요구르트 … 15g
│ 잎새버섯(거칠게 다진 것) … $1/2$ 팩(50g)
│ 마늘(다진 것) … $1/3$ 쪽
파르메산 치즈(간 것) … 40g
피칸(또는 호두) … 30g

【 준비 】
- 잎새버섯은 올리브오일 1작은술(분량 외)과 마늘을 넣어 달군 프라이팬에서 나긋해질 때까지 볶아서 식힌다〔ⓐ〕.
- 피칸은 프라이팬에서 약불로 볶는다.
- 계란과 요구르트는 실온에 꺼내둔다.
- 팬에 오븐시트를 깐다.
- 오븐은 170℃로 예열한다.

1 볼에 B를 넣고 기품기로 섞는다.
2 체에 친 A, 흑후추, 치즈를 넣고 스크래퍼로 섞다가 가루기가 남아있을 때 잎새버섯, 피칸을 넣어 한 덩어리로 만든다.
3 오븐팬에 반죽을 올리고 물 묻힌 손으로 8×18cm (1.5cm 두께)의 평행사변형으로 다듬어 170℃의 오븐에서 25분간 굽는다.
4 한 김 식힌 후 8mm 폭으로 비스듬히 잘라 단면이 위로 가게 오븐팬에 늘어놓는다. 150℃의 오븐에서 25분간 구운 후 팬째로 식힌다.

3.

베이컨 체더치즈 비스코티

【 재료 】12cm 길이 18개 분량

A │ 박력분 … 120g
  │ 베이킹소다 … $1/4$ 작은술
소금 … $1/4$ 작은술
거칠게 간 흑후추 … $1/2$ 작은술
무염 버터 … 35g
B │ 계란 … 1개
  │ 플레인 요구르트 … 15g
베이컨(7~8mm로 자른 것) … 2장(40g)
체더치즈(간 것) … 30g
아몬드(홀) … 50g

영국에서 유래한 체더치즈는 미국에서도 인기 있다. 레드체더라고 불리는 오렌지빛 나는 것을 사용한다.

【 준비 】
- 베이컨은 기름을 두르지 않은 팬에 바삭하게 볶아서 키친타월 위에 올려 기름을 빼고 식힌다.
- 아몬드는 프라이팬에서 약불로 볶는다.
- 버터는 1cm 크기로 잘라 계란, 요구르트와 함께 냉장실에 넣어둔다.
- 팬에 오븐시트를 깐다.
- 오븐은 170℃로 예열한다.

1 볼에 체에 친 A, 소금, 흑후추를 넣고 스크래퍼로 섞다가 버터를 넣어 잘게 자르면서 섞는다〔ⓐ〕. 양손으로 보슬보슬하게 비빈다.
2 베이컨과 치즈, 혼합한 B의 순서로 넣어가며 스크래퍼로 섞다가 가루기가 남아있을 때 아몬드를 넣어 한 덩어리로 만든다.
3 오븐팬에 반죽을 올리고 물 묻힌 손으로 12×15cm(1.5cm 두께)의 평행사변형으로 다듬어 170℃의 오븐에서 25분간 굽는다.
4 한 김 식힌 후 8mm 폭으로 잘라 단면이 위로 가게 오븐팬에 늘어놓는다. 150℃의 오븐에서 25분간 구운 후 팬째로 식힌다.

4.

참깨 비스코티

【 재료 】 8cm 길이 18개 분량

A │ 박력분 … 80g
　│ 베이킹파우더
　│ 　… 1/4 작은술
소금 … 한 자밤
수수설탕 … 20g
B │ 계란 … 1개
　│ 흰깨 페이스트 … 70g
　│ 식물성 오일* … 1작은술
볶은 흰깨 … 20g
* 땅콩기름도 추천한다

〔 토핑 〕
계란 흰자 … 1개 분량
C │ 볶은 흰깨 … 2큰술
　│ 수수설탕 … 1작은술

【 준비 】
• 계란은 실온에 꺼내둔다.
• 팬에 오븐시트를 깐다.
• 오븐은 170℃로 예열한다.

ⓐ

1 볼에 B를 넣고 거품기로 섞는다.
2 체에 친 A, 소금, 설탕, 볶은 깨를 넣고 스크래퍼로 섞다가 가루기가 없어지면 한 덩어리로 만든다.
3 랩 위에 올려 18cm 길이로 다듬고 솔을 이용해 계란 흰자를 전체에 바른다. 혼합한 C를 뿌리고〔ⓐ〕 반죽을 굴리며 전체적으로 묻힌다. 반죽을 8×18cm (1.5cm 두께)의 평행사변형으로 다듬어 오븐팬에 올리고 170℃의 오븐에서 10분, 160℃로 낮추어 15분간 굽는다.
4 한 김 식힌 후 1cm 폭으로 잘라 단면이 위로 가게 오븐팬에 늘어놓는다. 140℃의 오븐에서 25분간 구운 후 팬째로 식힌다.

5.

블루치즈 무화과 비스코티

【 재료 】 14cm 길이 18개 분량

A │ 전립분(박력분 타입) … 50g
　│ 박력분 … 50g
　│ 베이킹파우더 … 1/3 작은술
수수설탕 … 10g
B │ 계란 … 1개
　│ 식물성 오일* … 10g
블루치즈 … 35g
반건조 무화과 … 35g
호두 … 35g
* 코코넛 오일(33쪽)을 추천한다.

블루치즈는 푸른곰팡이를 이용해 숙성시킨 이탈리아의 고르곤졸라를 사용한다. 강한 풍미와 짙은 소금기가 특징. 건과일과 궁합이 좋고 술에도 잘 어울린다.

【 준비 】
• 호두는 프라이팬에서 약불로 볶아 무화과와 함께 잘게 다진다(푸드프로세서에 갈아도 OK).
• 계란은 실온에 꺼내둔다.
• 팬에 오븐시트를 깐다.
• 오븐은 160℃로 예열한다.

1 볼에 B를 넣고 거품기로 섞는다.
2 체에 친 A와 설탕을 넣고 스크래퍼로 섞다가 가루기가 없어지면 손으로 찢은 치즈, 무화과, 호두를 넣어 한 덩어리로 만든다.
3 오븐팬에 반죽을 올리고 물 묻힌 손으로 14×15cm (1.2cm 두께)의 평행사변형으로 다듬어 160℃의 오븐에서 25분간 굽는다.
4 한 김 식힌 후 8mm 폭으로 잘라 단면이 위로 가게 오븐팬에 늘어놓는다. 140℃의 오븐에서 25~30분간 구운 후 팬째로 식힌다.

6.

카레 마요네즈 비스코티

【 재료 】5cm 길이 25개 분량

A│ 박력분 … 80g
  │ 옥수수전분 … 20g
  │ 카레가루 … ½ 작은술
  │ 베이킹파우더 … ⅓ 작은술
소금 … ¼ 작은술
그래뉴당 … ½ 작은술
B│ 우유 … 40g
  │ 마요네즈 … 30g
마카다미아 너트(또는 호두, 아몬드) … 50g

【 준비 】

- 마카다미아 너트는 프라이팬에서 약불로 볶아 거칠게 다진다.
- 팬에 오븐시트를 깐다.
- 오븐은 170℃ 로 예열한다.

1 볼에 **B**를 넣고 거품기로 섞는다〔ⓐ〕.
2 체에 친 **A**, 소금, 그래뉴당을 넣고 스크래퍼로 섞다가 가루기가 남아있을 때 마카다미아 너트를 넣어 한 덩어리로 만든다.
3 오븐팬에 반죽을 올리고 물 묻힌 손으로 5×20cm (1.8cm 두께)의 긴 타원형으로 다듬어 170℃ 의 오븐에서 25분간 굽는다.
4 한 김 식힌 후 8mm 폭으로 잘라 단면이 위로 가게 오븐팬에 늘어놓는다. 150℃ 의 오븐에서 25분간 구운 후 팬째로 식힌다.

7.

쪽파와 흰깨 비스코티

【 재료 】5cm 길이 25개 분량

A│ 박력분 … 80g
  │ 옥수수전분 … 20g
  │ 베이킹파우더 … ⅓ 작은술
B│ 우유 … 40g
  │ 마요네즈 … 30g
  │ 홀그레인 머스터드 … 10g
쪽파(다진 것) … 6줄기
볶은 흰깨 … 20g
파르메산 치즈(간 것) … 10g
치즈 갈릭 딥(마무리용, 63쪽) … 적당량

【 준비 】

- 팬에 오븐시트를 깐다.
- 오븐은 170℃ 로 예열한다.

1 볼에 **B**를 넣고 거품기로 섞는다.
2 체에 친 **A**, 볶은 깨, 치즈를 넣고 스크래퍼로 섞다가 가루기가 남아있을 때 쪽파를 넣어 한 덩어리로 만든다.
3 오븐팬에 반죽을 올리고 물 묻힌 손으로 5×20cm (1.8cm 두께)의 긴 타원형으로 다듬어 170℃ 의 오븐에서 10분, 160℃ 에서 15분간 굽는다.
4 한 김 식힌 후 8mm 폭으로 잘라 단면이 위로 가게 오븐팬에 늘어놓는다. 140℃ 의 오븐에서 25분간 구운 후 팬째로 식힌다. 취향에 따라 딥 소스를 곁들인다.

3 계란을 넣지 않은
기본적인 비스코티
(말린 파슬리와 호두)

계란을 넣지 않고 요구르트의 점성을 이용해 구운 비스코티.
옥수수전분을 조금 넣어 식감을 가볍게 하고
말린 파슬리를 듬뿍 넣어 향을 더했습니다.
잘 마르지 않으므로 천천히 시간을 들여 구워냅니다.
딥 소스를 곁들이거나 브루스케타로 만들어도 맛있습니다.

만드는 법은 86쪽에 →

1.

Parmesan & caraway seed

치즈 캐러웨이 씨
비스코티

2.

onion

양파
비스코티

우유와 치즈로 반죽하고
캐러웨이 씨로 포인트를 주었습니다.
아몬드 파우더를 조금 넣으면 색이 예쁘게 나고
아삭아삭 가벼운 식감으로 완성됩니다.

만드는 법은 87쪽에 →

계란을 넣지 않은 반죽은 비교적 담백합니다.
볶은 양파, 향이 강한 참기름으로 맛을 더해보세요.
너트의 식감과 흑후추의 향이 선명한
스파이시 비스코티입니다.

만드는 법은 87쪽에 →

BASIC

3 계란을 넣지 않은 기본적인 비스코티

(말린 파슬리와 호두)

【 재료 】7cm 길이 18개 분량

A | 박력분 … 90g
　 | 옥수수전분 … 30g
　 | 베이킹소다 … 1/4 작은술
소금 … 1/3 작은술
그래뉴당 … 1/2 작은술
거칠게 간 흑후추 … 2/3 작은술
B | 플레인 요구르트 … 40g
　 | 우유 … 40g
말린 파슬리 … 2작은술
호두 … 50g

【 준비 】

- 호두는 프라이팬에서 약불로 볶아 반으로 쪼갠다.
- 요구르트와 계란은 실온에 꺼내둔다.
- 팬에 오븐시트를 깐다.
- 오븐은 170℃ 로 예열한다.

1　볼에 **B**를 넣고 거품기로 섞는다〔ⓐ〕.

2　체에 친 **A**, 소금, 그래뉴당, 흑후추, 파슬리를 넣고 스크래퍼로 섞다가〔ⓑ〕 가루기가 남아있을 때 호두를 넣고 부서지지 않도록 조심하며 섞어 반죽을 15cm 길이로 다듬는다.

* 반죽이 퍽퍽하면 물을 몇 방울 넣는다.

3　오븐팬에 반죽을 올리고 물 묻힌 손으로 7×15cm (2cm 두께)의 긴 타원형으로 다듬어〔ⓒ〕 표면을 평평하게 한다. 170℃ 의 오븐에서 25분간 구운 후 식힘망에 올려 식힌다.

4　한 김 식힌 후 8mm 폭으로 잘라〔ⓓ〕 단면이 위로 가게 오븐팬에 늘어놓는다. 150℃ 의 오븐에서 25분간 구운 후 팬째로 식힌다.

ⓐ　ⓑ　ⓒ　ⓓ

1.

치즈 캐러웨이 씨 비스코티

【 재료 】 7cm 길이 18개 분량

A│ 박력분 … 50g
 │ 아몬드 파우더 … 20g
 │ 베이킹파우더 … 1/4 작은술

B│ 우유 … 70g
 │ 파르메산 치즈(간 것) … 50g

캐러웨이 씨 … 1/2 작은술
아몬드(홀) … 40g

【 준비 】

● 아몬드 파우더와 아몬드는 각각 프라이팬에서
 약불로 볶아 식힌다.
● 우유는 냉장실에서 차갑게 만든다.
● 팬에 오븐시트를 깐다.
● 오븐은 170℃로 예열한다.

1 볼에 B를 넣고 거품기로 섞는다.
2 체에 친 A와 캐러웨이 씨를 넣고 스크래퍼로 섞다
 가 가루기가 남아있을 때 아몬드를 넣어 한 덩어리
 로 만든다.
3 오븐팬에 반죽을 올리고 물 묻힌 손으로 7×15cm
 (1.5cm 두께)의 평행사변형으로 다듬어 170℃의 오
 븐에서 10분, 160℃로 낮추어 15분간 굽는다.
4 한 김 식힌 후 8mm 폭으로 잘라 단면이 위로 가
 게 오븐팬에 늘어놓는다. 150℃의 오븐에서 10분,
 140℃로 낮추어 10분간 구운 후 팬째로 식힌다.

2.

양파 비스코티

【 재료 】 10cm 길이 18개 분량

A│ 박력분 … 90g
 │ 옥수수전분 … 30g
 │ 베이킹소다 … 1/4 작은술

소금 … 1/3 작은술
거칠게 간 흑후추 … 2/3 작은술

B│ 플레인 요구르트 … 40g
 │ 우유 … 40g
 │ 참기름 … 20g

양파(다진 것) … 작은 것 1/3개
캐슈너트(또는 마카다미아 너트) … 40g

【 준비 】

● 양파는 참기름 2작은술(분량 외)을 달군 프라이팬
 에서 나긋해질 때까지 볶아 식힌다.
● 캐슈너트는 프라이팬에서 약불로 볶아 거칠게
 다진다.
● 요구르트와 우유는 실온에 꺼내둔다.
● 팬에 오븐시트를 깐다.
● 오븐은 170℃로 예열한다.

1 볼에 B를 넣고 거품기로 섞는다.
2 체에 친 A, 소금, 흑후추를 넣고 스크래퍼로 섞다가
 가루기가 남아있을 때 캐슈너트, 양파 순서로 넣으
 며 섞다가 한 덩어리로 만든다.
3 오븐팬에 반죽을 올리고 물 묻힌 손으로 10×15cm
 (1.5cm 두께)의 평행사변형으로 다듬어 170℃의 오
 븐에서 10분, 160℃로 낮추어 15분간 굽는다.
4 한 김 식힌 후 8mm 폭으로 잘라 단면이 위로 가게
 오븐팬에 늘어놓는다. 140℃의 오븐에서 25분간 구
 운 후 팬째로 식힌다.

아메리칸 스타일 비스코티
달콤하고 고소한 디저트, 짭짤하고 향긋한 술안주

펴낸날 | 2018년 6월 29일
지은이 | 하라 아키코
옮긴이 | 이소영
펴낸곳 | 윌스타일
펴낸이 | 김화수
출판등록 | 제300-2011-71호
주소 | (03174) 서울시 종로구 사직로8길 34, 1203호
전화 | 02-725-9597
팩스 | 02-725-0312
이메일 | willcompanybook@naver.com
ISBN | 979-11-85676-48-7   13590

이 도서의 국립중앙도서관 출판예정도서목록(CIP)은 서지정보유통지원시스템 홈페이지
(http://seoji.nl.go.kr)와 국가자료공동목록시스템(http://www.nl.go.kr/kolisnet)에
서 이용하실 수 있습니다.(CIP제어번호: CIP2018018792)